普通高等教育“十三五”规划教材

材料仪器分析

陈智栋　刘亚　主编

中国石化出版社

内 容 提 要

本书介绍了材料研究中常用的分析测试方法，主要包括光谱分析、电化学分析、色谱分离分析、显微组织和结构分析，以及热分析等。主要论述了各种仪器分析的基本原理、仪器设备构造、定性定量分析方法，并举例介绍各种分析测试方法的应用。内容简明扼要，并在实例分析中引入了一些当前本学科最新的研究成果。

本书可做为材料科学与工程学专业本科生的学习用书，也可作为相关学科与专业工程技术人员的参考用书。

图书在版编目(CIP)数据

材料仪器分析 / 陈智栋，刘亚主编.
—北京：中国石化出版社，2016.2
普通高等教育“十三五”规划教材
ISBN 978-7-5114-3789-1

Ⅰ.①材… Ⅱ.①陈…②刘… Ⅲ.①仪器分析-高等学校-教材 Ⅳ.①O657

中国版本图书馆 CIP 数据核字（2016）第 021743 号

中国石化出版社出版发行
地址:北京市东城区安定门外大街 58 号
邮编:100011 电话:(010)84271850
读者服务部电话:(010)84289974
http://www.sinopec-press.com
E-mail:press@ sinopec.com
北京柏力行彩印有限公司印刷
全国各地新华书店经销
*
787×1092 毫米 16 开本 8.25 印张 210 千字
2016 年 5 月第 1 版 2016 年 5 月第 1 次印刷
定价:18.00 元

前　言

材料科学、信息科学、生命科学被认为是21世纪的三大支柱性高技术产业，其中材料科学又是信息科学和生命科学的先导。材料科学是采用先进的科学理论和实验方法对材料进行深入研究、取得重要科学成果的一门科学。材料结构和组成的研究很大程度上依赖于仪器分析方法。随着科学技术进步，用于材料结构和组成分析的实验方法及检测手段不断丰富，新型仪器设备不断出现。

本书介绍了材料研究中常用的分析测试方法，主要包括光谱分析、电化学分析、色谱分离分析、显微组织和结构分析，以及热分析等。主要论述各种仪器分析的基本原理、仪器设备构造、定性定量分析方法，并举例介绍各种分析测试方法的应用。内容简明扼要，通俗易懂，并在实例分析中引入了一些学科前沿的研究成果。

本书由常州大学陈智栋、刘亚主编，其他老师参与编写。王莹编写绪论，陈智栋编写第1章、第2章、第6~9章，薛小强编写第3~5章、第10章、第11章，蒋姗编写第12章、第19~22章，刘亚编写第13章、第14章、第18章，王强编写第15章、第16章，全书最后由陈智栋、刘亚统稿。

在编写过程中，作者参考和应用了一些材料科学工作者的研究成果、资料和图片，在此表示深深的敬意和感谢。

由于作者的水平有限，书中难免有疏漏和错误，敬请广大读者批评指正。

编　者

目　　录

绪　论

材料科学、信息科学、生命科学被认为是21世纪的三大支柱性高技术产业，其中材料科学又是信息科学和生命科学的先导。材料科学是一门与应用密不可分的科学，侧重于探索材料制备过程前后和使用过程中的物质变化规律，以及在此基础上材料的组成、结构、性质、生产流程和使用效能以及它们之间相互关系的科学。材料的组成和结构直接决定了材料的性能和效能。材料的制备和使用过程，特别是前者直接决定了材料的组成和结构，从而决定了材料的性能。材料科学的研究围绕着材料组成和结构与性能之间的关系来进行，材料制备的实际效果也必须通过材料的组成、结构和性能的检测来加以分析。因此材料组成、结构和性能的研究水平对新材料研究、发展和应用具有重要作用。

材料结构及组成的研究很大程度上依赖于仪器分析方法。随着科学技术进步，用于材料结构及组成分析的实验方法和检测手段不断丰富，新型仪器设备不断出现，种类极其繁多，这为材料的测试研究提供了强有力的物质支持。用于材料结构和组成研究的实验方法主要有谱学法、显微法和衍射法等。不同的实验方法和仪器可以获得不同方面结构和成分的信息。材料结构和组成分析又可以细分为化学成分分析、显微结构分析和晶体结构分析。

① 化学成分是影响材料性能的基本因素。分析材料化学成分方法主要有谱学法和电化学分析法。谱学法可以提供材料中原子的种类、原子在分子中的状态、分子的机构以及各种元素的分子含量等信息。这类谱学法包括原子吸收光谱、原子荧光光谱、紫外吸收光谱、红外吸收光谱、拉曼光谱、核磁共振、质谱等。电化学分析法是利用物质在溶液中的电化学性质不同，对组分进行定性和定量的仪器分析方法，包括电位与电导分析法、电解与库仑分析法、伏安分析法等。大多数情况下，不仅要检测材料中元素的种类和含量，而且要确定元素的存在状态和分布特征，这就需要更先进的分析方法，像用于表面分析的能谱和探针；前者有X射线光电子能谱和俄歇电子能谱等，后者包括电子探针、原子探针、离子探针和激光探针等。此外，材料成分往往比较复杂，难以用简单方法进行分析，或者需要对材料中特定组分进行分析，这就需要用到色谱分析对材料进行分离分析，色谱法包括气相色谱分析法、高效液相色谱分析法、高效毛细管电泳分析法和凝胶色谱分析法等。

② 显微结构主要是利用显微法来研究，主要分析固体材料的相组成、结构特征和各项结构参数。显微法主要包括光学显微镜、扫描电子显微镜、透射电子显微镜、扫描隧道显微、原子力显微镜和场离子显微镜等。根据仪器设备分辨率不同，可以提供材料不同层次的结构信息。光学显微术是在微米尺度观察材料结构的比较普及的方法，扫描电子显微术可达到亚微观结构的尺度，投射电子显微术把观察尺度推进到纳米甚至原子尺度(高分辨电子显微术可用来研究原子的排列情况)，场离子显微术的分辨率也达到原子尺度。20世纪80年代中期发展起来的扫描隧道显微镜和原子力显微镜，在材料表面的高度方向和平面方向的分辨率分别达到0.05nm和0.2nm，为材料表面的表征技术开拓了新的领域。

③ 晶体结构通常采用衍射法进行分析，主要包括X射线衍射、电子衍射、中子衍射和γ射线衍射等。X射线衍射分析物相较简便、快捷，适于多相体系的综合分析，也能对尺寸在微米量级的单颗晶体材料进行结构分析。由于电子与物质的相互作用比X射线强4个数

量级，而且电子束又可以在电磁场作用下汇聚得很细小，所以电子衍射可以测定微细晶体或材料的亚微米尺度结构。与 X 射线、电子衍射作用机理不同，中子与物质中原子核作用发生散射，所以轻、重原子对中子的散射能力差别比较小，有利于测定材料中轻原子的分布和磁结构信息。

此外，还可以通过热分析技术来研究材料的物理变化和化学变化过程与温度的关系，从中获得材料微结构变化的信息。热分析在材料的设计和应用中具有特别重要的作用。

每种分析方法或检测技术都有一定的适用范围和局限性，它们都是有针对性的。因此，在材料的检测分析中必须坚持具体问题具体分析，从而选择合适的研究方法，必要时还需要采用多种方法进行综合分析来确定影响材料性能的各种因素。在此基础上才有可能采取有效措施来改善材料的性能。目前，用于材料研究的仪器设备正向综合化发展，这使人们能在同一台仪器上进行形貌、成分和晶体结构等多种微观组织结构信息的同位分析。

目前应用于各个研究领域的研究方法数以百计，本书中我们注重最基本、最常用的材料分析方法及其衍生物的介绍；这些方法可以适用于大多数类型材料（从用于工具的硬质涂层到新型的生物材料与纳米器件）的一般应用性。

第1篇 光谱分析

光谱是复色光经色散系统分光后，按波长(或频率)的大小依次排列的图像。基于测量物质的光谱而建立起来的分析方法称为光谱分析法，它是光学分析法的一类。物质与辐射能作用时，测量由物质内部发生量子化的能级之间的跃迁而产生的发射、吸收或散射辐射的波长和强度，可以进行定性、定量和结构分析。光谱法可分为原子光谱和分子光谱。原子光谱是由原子外层或内层电子能级的变化产生的，它的表现形式为线光谱，如原子发射光谱法、原子吸收光谱法、原子荧光光谱法和X射线荧光光谱法等。分子光谱是由分子的电子能级、振动和转动能级的变化产生的，表现形式为带光谱，如紫外可见分光光度法、红外光谱法、分子发光分析法等。

发射光谱分析法是物质通过电致激发、热致激发或光致激发等过程获得能量，变为激发态原子或分子，当从激发态过渡到低能态或基态时产生发射光谱。其主要方法列于表1。

吸收光谱分析法是当物质所吸收的电磁辐射能满足该物质的原子核、原子或分子的两个能级间跃迁所需的能量时，将产生吸收光谱。其主要方法列于表2。

表1 发射光谱法

方法名称	激发方式	作用物质	检测信号
X射线荧光光谱法	X射线(0.01~2.5nm)	原子内层电子的逐出，外层能级电子跃入空位(电子跃迁)	特征X射线(X射线荧光)
原子发射光谱法	火焰、电弧、火花、等离子炬等	气态原子外层电子	紫外、可见光
原子荧光光谱法	高强度紫外、可见光	气态原子外层电子跃迁	原子荧光
分子荧光光谱法	紫外、可见光	分子	荧光(紫外、可见光)
磷光光谱法	紫外、可见光	分子	磷光(紫外、可见光)
化学发光法	化学能	分子	可见光

散射光谱分析法是频率为ν_0的单色光照射到透明物质上，物质分子会发生散射现象。如果这种散射是光子与物质分子发生能量交换的，即不仅光子的运动方向发生变化，它的能量也发生变化，则称为Raman散射。这种散射光的频率ν_d与入射光的频率不同，称为Raman位移。Raman位移的大小与分子的振动和转动的能级有关，利用Raman位移研究物质结构的方法称为Raman光谱法。

在本章中主要介绍发射光谱中的原子发射光谱中比较通用的等离子发射光谱；吸收光谱中的原子吸收和紫外-可见分光光度法，因为上述方法在进行离子分析时，是经常采用的方法。

表2　吸收光谱

方法名称	辐射能	作用物质	检测信号
Mössbauer 光谱法	γ射线	原子核	吸收后的γ射线
X 射线吸收光谱法	X 射线、放射性同位素	$Z>10$ 的重元素原子的内层电子	吸收后的 X 射线
原子吸收光谱法	紫外、可见光	气态原子外层的电子	吸收后的紫外、可见光
紫外-可见分光光度法	紫外、可见光	分子外层的电子	吸收后的紫外、可见光
红外吸收光谱法	炽热硅碳棒等 2.5～15μm 红外光	分子振动	吸收后的红外光
核磁共振波谱法	0.1～900MHz 射频	原子核磁量子、有机化合物分子的质子、^{12}C 等	吸收
电子自旋共振波谱法	10000～80000MHz 微波激光	未成对电子	吸收
激光吸收光谱法	激光	分子（溶液）	吸收
激光光声光谱法	激光	分子（气、固、液体）	声压
激光热透镜光谱法	激光	分子（溶液）	吸收

第 1 章　原子发射光谱分析法

1.1　原子发射光谱法原理

原子的外层电子由高能级向低能级跃迁，多余能量以电磁辐射的形式发射出去，这样就得到了发射光谱。原子发射光谱是线状光谱。通常情况下，原子处于基态，在激发光源作用下，原子获得足够的能量，外层电子由基态跃迁到较高的能量状态即激发态。处于激发态的原子是不稳定的，其寿命小于 10^{-8}s，外层电子就从高能级向较低能级或基态跃迁。多余能量的发射就得到了一条光谱线。

在近代各种材料的定性、定量分析中，原子发射光谱法发挥了重要作用。特别是新型光源的研制与电子技术的不断更新和应用，使原子发射光谱分析获得了新的发展，成为仪器分析中最重要的方法之一。

1.2　原子发射光谱法仪器

原于发射光谱法仪器分为两部分，光源与光谱仪。

(1) 光源

光源的作用是提供足够的能量使试样蒸发、原子化、激发，产生光谱。光源的特性在很大程度上影响着光谱分析的准确度、精密度和检出限。原子发射光谱分析光源种类很多，目前常用的有直流电弧、电火花及电感耦合等离子体等。

① 直流电弧　直流电弧供电电压为 220~380V，电流通常为 5~30A。直流电弧引燃可用两种方法：一种是接通电源后，使上下电极接触短路引燃；另一种是高频引燃，引燃后阴极产生热电子发射，在电场作用下，电子高速通过分析间隙射向阳极。在分析间隙里，电子又会和分子、原子、离子等碰撞，使气体电离。电离产生的阳离子高速射向阴极，又会引起阴极二次电子发射，同时也可使气体电离。这样反复进行，电流持续，电弧不灭。

由于电子轰击，阳极表面白热，产生亮点形成“阳极斑点”。阳极斑点温度高，可达 4000K(石墨电极)，因此通常将试样置于阳极，在此高温下使试样蒸发、原子化。在弧柱内，原子与分子、原子、离子、电子等碰撞，被激发而发射光谱。阴极温度在 3000K 以下，形成“阴极斑点”。直流电弧由弧柱、弧焰、阳极点、阴极点组成，见图 1-1。电弧温度为 4000~7000K，电弧温度取决于弧柱中元素的电离能和浓度。直流电弧的优点是设备简单。由于持续放电，电极头温度高，蒸发能力强，试样进入放电间隙的量多，绝对灵敏度高，适用于定性、半定量分析。缺点是电弧不稳定、飘移、重现性差、弧层较厚、自吸现象较严重。

② 火花光源　在通常气压下，两电极间加上高电压，达到击穿电压时，在两极间尖端迅速放电，产生电火花。放电沿着狭窄的发光通道进行，并伴随有爆裂声。日常生活中，雷电即是大规模的火花放电。火花光源的特点是：由于在放电一瞬间释放出很大的能量，放电

间隙电流密度很高，因此温度很高(可达10000K以上)，具有很强的激发能力，一些难激发的元素可被激发，而且大多为离子线。放电稳定性好，因此重现性好，可做定量分析。电极温度较低，由于放电时间歇时间略长，放电通道窄小的缘故，易于做熔点较低的金属与合金分析，而且自身可做电极，如炼钢厂的钢铁分析。灵敏度较差，但可做较高含量的分析，噪声较大，做定量分析时，需要预燃烧时间。

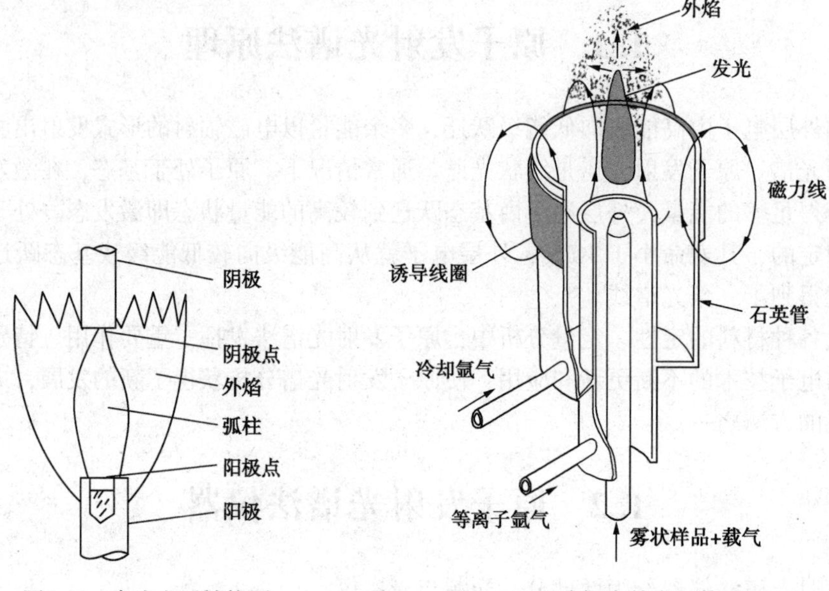

图1-1　直流电弧结构图　　　　图1-2　电感耦合等离子体光源

直流电弧与火花光源的使用已有几十年的历史，称为经典光源。在经典光源中，火焰与交流电弧曾经也起过重要作用，但由于新光源的广泛应用，已很少使用，在此不做介绍。

③ 高频电感耦合等离子体光源　高频电感耦合等离子体(ICP)光源是20世纪60年代研制的新型光源，由于它的性能优异，70年代迅速发展并获广泛的应用。

ICP光源是高频感应电流产生的类似火焰的激发光源。仪器主要由高频发生器、等离子火炬管、雾化器等三部分组成，见图1-2。高频发生器的作用是产生高频磁场供给等离子体能量。频率多为27~50MHz，最大输出功率通常是2~4kW。

等离子炬管分为三层，最外层通氩气作为冷却气，沿切线方向引入，可保护石英管不被烧毁；中层管通入辅助气体氩气，用以点燃等离子体；中心层以氩气为载气，把经过雾化器的试样溶液以气溶胶形式引入等离子体中。

当高频发生器接通电源后，高频电流通过线圈，即在炬管内产生交变磁场，炬管内若是导体就产生感应电流。这种电流呈闭合的涡旋状即涡电流，它的电阻很小，电流很大(可达几百安培)，释放出大量的热能(达10000K)。电源接通时，石英炬管内为氩气，它不导电，用高压火花点燃使炬管内气体电离。由于电磁感应和高频磁场，电场在石英管中随之产生。电子和离子被电场加速，同时和气体分子、原子等碰撞，使更多的气体电离，电子和离子各在炬管内沿闭合回路流动，形成涡流，在管口形成火炬状的稳定等离子焰炬。

ICP光源的特点是检出限低，气体温度高，可达7000~8000K，加上样品气溶胶在等离子体中心通道停留时间长，因此各种元素的检出限一般在10^{-1}~10^{-5}μg/mL范围；可测70多种元素，基体效应小；ICP稳定性好，精密度高，在实用的分析浓度范围内，相对标准差约为

1%；准确度高，相对误差约为1%，干扰少；选择合适的观测高度，光谱背景小，自吸效应小；分析校准曲线动态范围宽，可达4~6个数量级，也可对高含量元素进行分析。由于发射光谱有对一个试样可同时做多元素分析的优点，ICP采用光电测定在几分钟内就可测出一个样品从高含量到痕量各种组成元素的含量，快速而又准确，因此，它是一个很有竞争力的分析方法。ICP的局限性是对非金属测定灵敏度低、仪器价格较贵、维修费用也较高。

（2）光谱仪

光谱仪的作用是将光源发射的电磁辐射经色散后，得到按波长顺序排列的光谱，并对不同波长的辐射进行检测与记录。光谱仪的种类很多，其基本结构有三部分，即照明系统、色散系统与记录测量系统。按照使用色散元件可分为棱镜摄谱仪与光栅摄谱仪。

照明系统的作用是使光源发出的光均匀地照明狭缝的全部面积，即狭缝全部面积上的各点强度一致。

光谱仪性能的好坏主要取决于它的色散系统。光谱仪光学性能的主要指标有色散率、分辨率与集光本领，因为发射光谱是靠每条谱线进行定性、定量分析的，因此，这三个指标至关重要。

对于记录测量系统而言，过去摄谱仪的记录方法为照相法，需用感光板来接收与记录光源所发出的光。感光板由感光层与支持体(玻璃板)组成。感光层由乳剂均匀地涂布在玻璃板上而成，它起感光作用。乳剂为卤化银的微小晶体均匀地分散在精制的明胶中，其中AgBr使用较广。感光板置于摄谱仪焦面上，经光源作用而曝光，再经显影、定影后在玻璃板上留下银原子形成的黑色光谱线影像。谱线的黑度就反映了光的强度。

目前由于ICP光源的广泛使用，光电直读光谱仪被大规模地应用。光电直读光谱仪有两种基本类型：一种是多道固定狭缝式；另一种是单道扫描式。

在摄谱仪色散系统中，只有入射狭缝而无出射狭缝。在光电直读光谱仪中，一个出射狭缝和一个光电倍增管构成一个通道(光的通道)，可接收一条谱线。多道仪器是安装多个(可达70个)固定的出射狭缝和光电倍增管，可同时接受多种元素的谱线。单道扫描式只有一个通道，这个通道可以移动，相当于出射狭缝在光谱仪的焦面上扫描移动，多由转动光栅和光电倍增管来实现，在不同的时间检测不同波长的谱线。

1.3 原子发射光谱法的分析

原子发射光谱法，依据样品的不同，所采取的方法也不同，它依试样的性质与光源的种类而定。对于固体试样多用于经典光源与辉光放电，一般多采用电极法。金属与合金本身能导电，可直接做成电极，称为自电极。如金属箔、丝，可将其直接置于石墨或碳电极中。

对于粉末试样，通常放入制成各种形状的小孔或杯形电极中，作为下电极。电弧或火花光源常用于溶液干法进样。将试液滴在平头或凹月面电极上，烘干后激发。为了防止溶液渗入电极，预先滴聚苯乙烯苯溶液，在电极表面形成一层有机物薄膜。试液也可用石墨粉吸收，烘干后装入电极孔内。常用的电极材料为石墨，石墨具有导电性能好、沸点高(可达4000K)、有利于试样蒸发、谱线简单、容易制纯及易于加工成型等优点。

对于ICP光源，它仅应用于溶液试样，直接用雾化器将试样溶液引入等离子体内。

1.3.1 光谱定性分析

由于各种元素的原子结构不同，在光源的激发作用下，试样中每种元素都发射自已的特征光谱。光谱定性分析一般多采用直流电弧摄谱法。试样中所含元素只要达到一定含量，都可以有谱线摄谱在感光板上。摄谱法操作简便、价格便宜、检测速度快，在几小时内可将含有的数十种元素定性检出。感光板的谱图可长期保存，它是目前进行元素定性检出的最好方法。

每种元素发射的特征谱线有多有少，多的可达几千条。当进行定性分析时，不需要将所有的谱线全部检出，只需检出几条合适的谱线就可以了。进行分析时所使用的谱线称为分析线。如果只见到某元素的一条谱线，不能断定该元素确实存在于试样中，因为有可能是其他元素谱线的干扰。检出某元素是否存在，必须有两条以上不受干扰的灵敏线与最后线。灵敏线是元素激发能低、强度较大的谱线，多是共振线。最后线是指当样品中某元素的含量逐渐减少时，最后仍能观察到的几条谱线。它也是该元素的最灵敏线。

（1）铁光谱比较法

这是目前最通用的方法，它采用铁的光谱作为波长的标尺来判断其他元素的谱线。铁光谱作标尺有如下特点：谱线多，在 210～600nm 范围内有几千条谱线；谱线间相距都很近，在上述波长范围内均匀分布；对每一条铁谱线波长，人们都已进行了精确的测量。每一种型号的光谱仪都有自己的标准光谱图。谱图最下边为铁光谱，紧挨着铁谱的上方准确地绘出 68 种元素的逐条谱线并放大 20 倍。进行分析工作时，将试样与纯铁在完全相同条件下并列并且紧挨着摄谱，摄得的谱片置于映谱仪(放大仪)上；谱片也放大 20 倍，再与标准光谱图进行比较。比较时，首先需将谱片上的铁谱与标准光谱图上的铁谱对准，然后检查试样中的元素谱线。若试样中的元素谱线与标准图谱中标明的某一元素谱线出现的波长位置相同，即为该元素的谱线。判断某一元素是否存在，必须由其灵敏线来决定。铁光谱比较法可同时进行多元素定性鉴定。

（2）标准试样光谱比较法

将要检出元素的纯物质或纯化合物与试样并列摄谱于同一感光板上，在映谱仪上检查试样光谱与纯物质光谱。若两者谱线出现在同一波长位置上，即可说明某一元素的某条谱线存在。此法多用于不经常遇到的元素或谱图上没有的元素分析。

全谱直读 ICP 光谱仪也可快速进行定性分析。单道扫描式 ICP 光电直读光谱仪，在定量分析前确定最佳分析条件时，可进行定性分析。

1.3.2 光谱半定量分析

光谱半定量分析可以给出试样中某元素的大致含量。若分析任务对准确度要求不高，多采用光谱半定量分析。如对钢材与合金的分类、矿产品位的大致估计等，特别是分析大批样品时，采用光谱半定量分析，尤为简单、快速。

光谱半定量分析常采用摄谱法中比较黑度法，这个方法需配制一个基体与试样组成近似的被测元素的标准系列。在相同条件下，在同一块感光板上标准系列与试样并列摄谱；然后在映谱仪上用目视法直接比较试样与标准系列中被测元素分析线的黑度。黑度若相同，则可认为试样中被测元素的含量与标准样品中某一个被测元素含量近似相等的判断。

1.3.3 光谱定量分析

这里仅介绍 ICP 直读光谱法。光谱定量分析的关系式为

$$I = ac \text{ 和 } I = ac^b$$

当元素浓度很低时无自吸，$b=1$，ICP 光源本身自吸效应就很小，此时样品的浓度与光谱强度成正比，分析时可采用标准曲线法或内标法进行准确定量。

1.4 原子发射光谱法的应用

原子发射光谱是利用原子或离子在一定条件下受激而发射的特征光谱来研究物质化学组成的分析方法。通常应用于岩石、矿物、土壤、冶金等，在定性分析方面应用很广，但由于试样基体、激发光源、电流等条件的影响，在定量分析中的应用长期以来受到很大限制。到20世纪50年代，原子发射光谱的发展进入困境，发展十分缓慢。直到1960年，工程物理学家Reed设计了环形放电感耦等离子炬，指出可用于原子发射光谱中的激发光源。光谱学家塞尔和格伦菲尔德将之用于发射光谱分析，建立了首台电感耦合等离子体发射光谱仪。自20世纪70年代起，原子发射光谱获得了新生，得到广泛的应用。

1.4.1 ICP分析前处理技术

样品预处理直接影响到分析测定的结果，试样前处理方法主要取决于待测元素种类、试样性质和测定技术。ICP分析前处理要求试样消解完全，溶液清澈透明，并且含盐量较少。传统的消解方法有湿式消解法(如硝酸-硫酸、硝酸-高氯酸、硝酸-过氧化氢)和马弗炉干式灰化法。干式灰化法操作简单，但在高温下挥发性元素易损失；湿法消解耗时，对环境污染严重。微波消解技术是近年来发展起来的样品前处理新技术，由于它克服了以上两种消解方法的缺点，以其快速、高效、空白值低、消解彻底、准确度高、试剂用量少、环境污染少、劳动强度低等优点，已被广泛各行业样品元素分析前处理中。

1.4.2 ICP在环境样品中的应用

ICP在环境水样品的分析过程中，溶液经雾化成气溶胶后被带入ICP中测定，天然水中常含有微细的悬浮物，水样由于悬浮物的沉降而不稳定，如果溶液中固体物含量太高，会引起雾化器和炬管内管管口堵塞问题，所以一般要过滤水样。环境沉积物样品主要由有机物和硅质成分(黏土和淤泥)所组成，多种混合酸可用作样品的溶解，最常用的有王水、硝酸、硝酸-高氯酸、硝酸-硫酸，进而通过消化溶解释放出金属的表观含量来测定其含量。由于工业排放物进入废水系统，所以污水污泥中常含有较高的重金属元素，它是环保监测控制的重要指标，样品经过酸化消解定容后使用ICP法进行分析，其速度快、准确度高、操作简便。林武滔等用ICP测定了农药和活性碳行业废水中的总磷，该法介质干扰小、灵敏度高、检出限能满足需求、操作简便、精密度高、结果准确，适用于工业废水中总磷的测定。吴娟研究了ICP测定废水样中Cu、Pb、Cd、Mn、Fe、As、Be等元素，获得了满意的分析结果。该方法的相对标准偏差为0.4%~7.6%，回收率为92.8%~107.6%。且具有简便、快速、准确度好、消耗试剂少等特点。在土壤和水系沉积物样品的检测中，焦志兰等采用酸法消解样品，研究了用ICP法测定环境土壤和地下水中Sr、Nd、Ce的工作条件，测定元素Sr、Nd和Ce的分析线分别为407.771nm、401.225nm和413.765nm。该方法对Sr、Nd、Ce的检出限分别为0.001μg/mL、0.04μg/mL和0.04μg/mL。

1.4.3 ICP在冶金、地质分析中的应用

ICP在冶金分析中应用的首例报道，应属1975年BUTLER等用ICP法测定钢铁及其高合金钢中12个元素。20世纪90年代以来，由于ICP仪器功能不断提高、仪器性价比的不断优化、具有全谱特性的中阶梯光栅固体检测仪器的出现，ICP法已成为钢铁及其合金分析的常规手段。特别是微波溶样设备的普及，在冶金原材料、铁合金样品等分析中，既可保存更多的待测成分又可简化溶样处理，同时最大限度降低引入酸类盐类的量。微波溶样更充分

发挥ICP的分析效率，氢化物发生ICP法可以大大地降低检测限。吴旭晖采用ICP法同时测定高速工具钢中钨、铬、钒、钼元素的含量，讨论了基体、分析谱线对测定结果的影响，并确定了最佳的测定条件，最后利用精密度和统计学中的t检验分析测定数据的准确与可靠性，结果表明，此法方便快捷，测量数据准确可靠。潘亮等采用8-羟基喹啉作为萃取剂，选择性地将铝基体中的钒元素萃取至氯仿中，避免了铝对钒的光谱干扰。同时，8-羟基喹啉也作为化学改进剂，使钒的蒸发温度大幅降低，改善了分析性能。在pH为3.5时8-羟基喹啉含量为1.5%，蒸发温度为1400℃时，检出限为16.4μg/L，当钒元素的质量浓度为1.0mg/L时，相对标准偏差(RSD)为4.7%。在冶金分析中，主要有下列干扰类型需要加以校正：溶液进样所带来的物理化学干扰、钢铁基体所造成的基体干扰、共存元素相互之间的谱线重叠干扰。为了解决ICP中的光谱干扰问题，已提出各种方法来校正ICP中光谱干扰。解决ICP中的光谱干扰，提高ICP分析的准确性，使ICP分析技术得到深入应用与发展，是目前许多分析工作者正在深入研究的课题。张世涛等采用碱熔酸化ICP-AES同时测定钼矿石中Mo、SiO_2、P_2O_5、CaO、Fe_2O_3、S、Cu、Pb、Zn、Sn、As等多种元素，检出限分别为0.1μg/g、50μg/g、300μg/g、30μg/g、10μg/g、5μg/g、0.5μg/g、0.7μg/g、0.3μg/g、1.5μg/g、1μg/g，RSD为1.2%~3.8%。该法准确、快速、简便、结果令人满意。

1.4.4 ICP在食品、生物样品分析中的应用

近年来，人们对食品卫生质量、营养的要求越来越高。食品作为人们能量与营养的来源，在提供多种人体必需元素的同时，也会有部分有害元素侵入体内，引发多种疾病，甚至危及生命。为此，许多分析工作者就食品中各种元素与人体健康和疾病的关系进行多方面的研究，其中最主要的数据就来源于对食品的分析。

元素分析是食品分析的重要内容，ICP在食品分析样品中的应用也较多，如徐春祥等采用湿式消解处理ICP对婴幼儿营养食品中的K、Na、Ca、Mg、Cu、Fe、Mn、Zn、B、Cr、Ni、Al、Ba和P等14种元素同时测定。结果显示检出限能达到0.0001~0.076mg/kg，RSD小于2.39%。王莹等采用高压硝化罐，以ICP测定了各豆类食品中Ca、Mg、Mn、Sr、Fe、Co、Ni、Se、Ba等多种微量元素的含量，并比较了传统的湿法消化的结果，吻合较好，且多元素同时测定，回收率在96.8%~102%之间，RSD均小于3.35%。

1.4.5 ICP在生物样品分析中的应用

在生物样品分析中，多元素同时测定很重要，样品中正常含量的元素很容易测定，而大多数元素则需要溶剂萃取预富集或用氢化物发生法代替使用气动雾化器的直接雾化法。植物中重金属的含量是生态环境调查中的必检项目，近年来，ICP成为各种生物样品中重金属分析的常规检测手段。ICP可直接分析样品试液，其准确度与精密度完全能适应生物分析的要求。周森等采用HNO_3和$HClO_4$的混合液，体积比为15：2作消解液进行溶样，同时测定滑子蘑中Cd、Cu、Pb、Zn，并进行了ICP工作参数的优化，其测定精密度为0.4%~4.6%，加标回收率为91.0%~101.0%。石元值等采用干灰化与微波消解两种前处理方法处理绿茶与乌龙茶茶叶样品，并利用ICP测定了茶叶样品中的La、Ce、Pr、Sm和Nd等5种稀土元素，测定检出限分别为0.001mg/L、0.003mg/L、0.005mg/L、0.009mg/L和0.001mg/L。

1.4.6 ICP其他分析中的应用

除了上述的应用研究外，还有一些其他相关报道，如在石油化工、高分子材料、医学检验等方面的应用。无论待测物是什么，样品的前处理至关重要。联用技术成为ICP一个新的应用前景，如高效液相色谱与ICP-AES法联用可有效减少ICP法的光谱干扰，提高选择性，并应用于元素化学形态的分析，解决物质的状态和价态分析问题。

第2章　原子吸收光谱分析法

2.1　原子吸收光谱法的基本原理

原子吸收光谱法是基于蒸气状态下基态原子吸收其共振辐射，外层电子由基态跃迁至激发态而产生原子吸收光谱。原子吸收光谱位于光谱的紫外区和可见区。原子吸收光谱法有如下优点：检出限低、灵敏度高；选择性好、光谱干扰少；精密度高；仪器比较简单，价格较低廉，一般实验室都可配备。同样，原子吸收光谱法也有它的的局限性，常用的原子化器温度(3000K)测定难熔元素，如W、Nb、Ta、Zr、Hf、稀土等及非金属元素，不能令人满意；不能同时进行多元素分析。近年来多元素同时测定技术取得了显著进展，已有多元素同时测定仪器面世，预计不久的将来会取得更重要的进展。

在通常的原子吸收测定条件下，原子蒸气中既有处于基态的也有处于激发态的，但是基态原子数近似地等于总原子数。在原子蒸气中(包括被测元素原子)，可能会有基态与激发态存在。根据热力学原理，在一定温度下达到热平衡时，基态与激发态原子数的比例遵循Boltzmann分布定律，原子化温度一般小于3000K，所以激发态和基态原子数之比小于千分之一。因此，可以认为，基态原子数近似地等于总原子数，从这里也可看出原子吸收光谱法灵敏度高的原因所在。

2.2　原子吸收光谱法仪器

原子吸收光谱仪依次由光源、原子化器、单色器、监测器、信号处理与显示记录等部件组成。原子吸收光谱仪有单光束和双光束两种类型。图2-1为单光束型，这种仪器结构简单，但它会因光源不稳定而引起基线漂移。现在的仪器均已采取了一些措施，使仪器有足够的稳定性，因此它仍然是发展与市场销售的主要商品仪器。

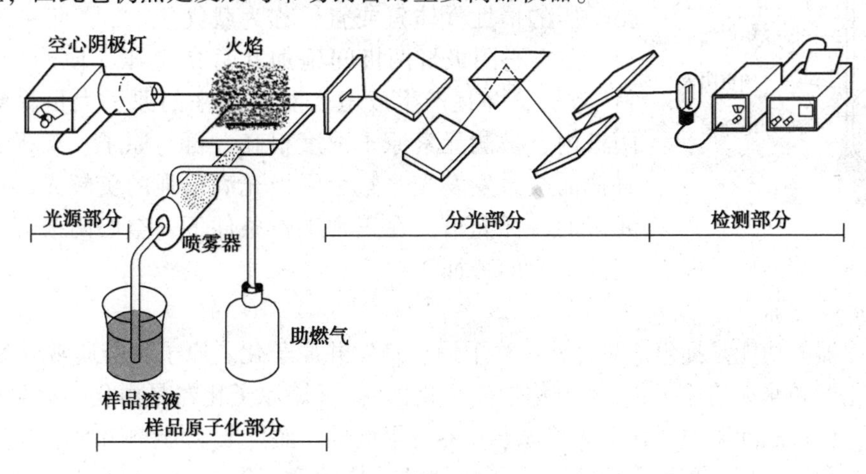

图2-1　原子吸收光谱仪的简图

由于原子化器中被测原子对辐射的吸收与发射同时存在，同时火焰组分也会发射带状光谱。这些来自原子化器的辐射发射干扰检测，发射干扰都是直流信号。为了消除辐射的发射干扰，必须对光源进行调制。可用机械调制，在光源后加一扇形板(切光器)，将光源发出的辐射调制成具有一定频率的辐射，就会使检测器接收到交流信号，采用交流放大将发射的直流信号分离掉。也可对空心阴极灯光源采用脉冲供电，不仅可以消除发射的干扰，还可提高光源发射光的强度与稳定性，降低噪声等，因而光源多使用这种供电方式。

图 2-2 为双光束型仪器，光源发出经过调制的光被切光器分成两束光，一束测量光，另一束参比光(不经过原子化器)。两束光交替地进入单色器，然后进行检测。由于两束光来自同一光源，可以通过参比光束的作用，克服光源不稳定造成漂移的影响。但会引起光能量损失严重，近年来也有较大的改进。

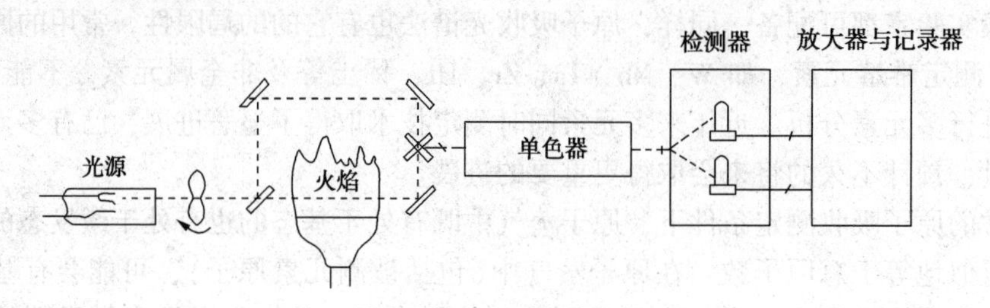

图 2-2　双光束型原子吸收光谱仪

(1) 光源

光源的作用是发射被测元素的共振辐射，对光源的要求是，锐线光源，辐射强度大，稳定性高，背景小等。

空心阴极灯是一种辐射强度较大、稳定性好的锐线光源。它是一种特殊的辉光放电管，如图 2-3 所示。灯管由硬质玻璃制成，一端有由石英做成的光学窗口。阳极是由具有吸附气体性能的钛、锆、钽等金属材料制成，阴极是一个空心圆筒，在空心圆筒内衬上或熔入被测元素的纯金属、合金或用粉末冶金方法制成的“合金”，它们能发射出被测元素的特征光谱，因此有时也被称为元素灯。管内充有几百帕低压的情性气体氖或氩，称为载气。

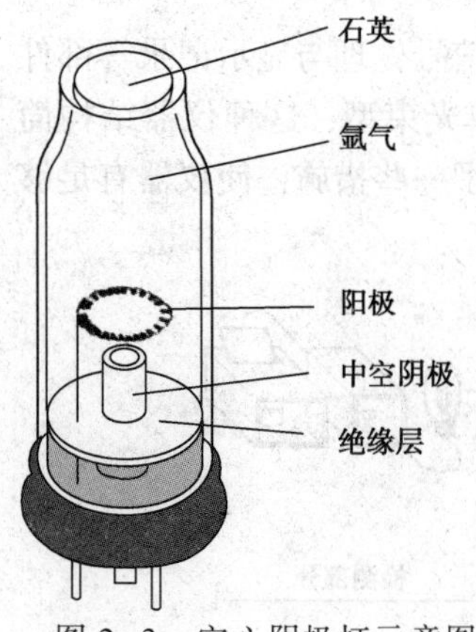

图 2-3　空心阴极灯示意图

在空心阴极灯两极间施加几百伏电压，便产生“阴极溅射”效应，并且产生放电。溅射出来的原子大量聚集在空心阴极内，被测元素原子浓度很高，再与原子、离子、电子等碰撞而被激发发光，整个阴极充满很强的负辉光，即是被测元素的特征光谱，在正常工作条件下，空心阴极灯发射出半宽度很窄的特征谱线。

(2) 原子化器

原子化器的功能是提供能量，使试样干燥、蒸发并原子化。原子化器通常分为两大类：火焰原子化器和非火焰原子化器(也称炉原子化器)。火焰原子化器是由化学火焰的燃烧热提供能量，使被测元素原子化。火焰原子化器应用最早，而且至今仍在广泛应用。火焰原子化器主要是预混合型，预混合型火焰原子化器的结构示意于图 2-4，它分为三部分：雾化器、预混合室和缝式燃烧器。

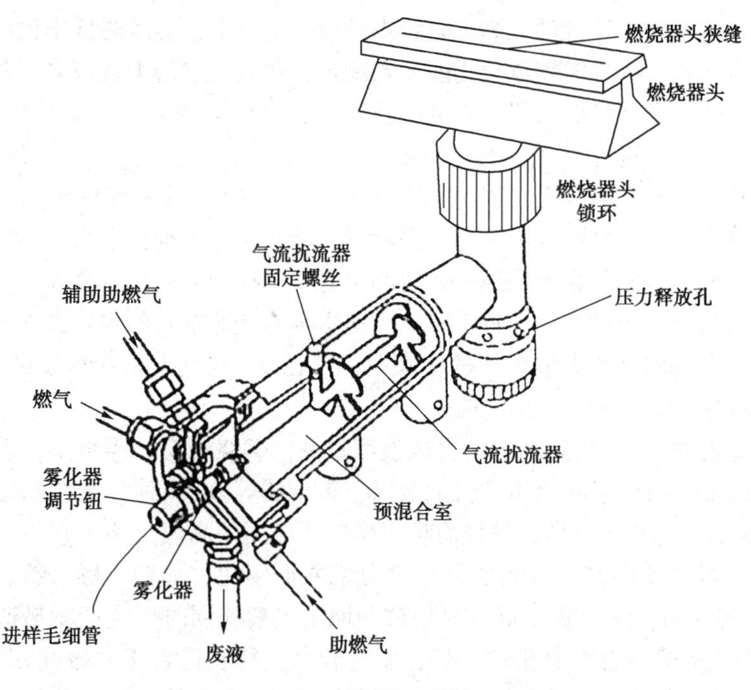

图 2-4　火焰原子化器结构示意图

雾化器的作用是将试样的溶液雾化，喷出微米级直径雾粒的气溶胶，雾滴愈小，火焰中生成的基态原子就愈多。预混合室是使气溶胶的雾粒更小、更均匀，并与燃气、助燃气混合均匀后进入燃烧器。预混合室中在喷嘴前装有撞击球，可使气溶胶雾粒更小；还装有扰流器，它对较大的雾滴有阻挡作用，使其沿室壁流入废液管排出；扰流器还有助于气体混合均匀，使火焰稳定，降低噪声。目前这种气动雾化器的雾化效率比较低，一般只有 10%~15% 的试样溶液被利用。它是影响火焰原子化法灵敏度提高的重要问题。

燃烧器的作用是产生火焰，使进入火焰的试样气溶胶脱溶、蒸发、灰化和原子化。燃烧器是缝型，多用不锈钢制成。燃烧器应能旋转一定的角度，高度也能上下调节，以便选择合适的火焰部位进行测量，在进行测量时，下面一些参数是需要进行关注的。

① 燃烧速度　是指火焰由着火点向可燃混合气其他点传播的速度，它影响火焰的安全操作和燃烧的稳定性。要使火焰稳定，可燃混合气体供气速度应大于燃烧速度。但供气速度过大，会使火焰离开燃烧器，变得不稳定，甚至吹灭火焰；供气速度过小，将会引起回火。

② 火焰温度 不同类型的火焰，其温度是不同的，见表 2-1。

表 2-1　几种常见火焰的特性

燃气	助燃气	最高燃烧速度/(cm/s)	最高火焰温度/℃
乙炔	空气	158	2250
乙炔	氧化亚氮	160	2700
氢气	空气	310	2050
丙烷	空气	82	1920

③ 火焰的燃气与助燃气比例　按两者比例的不同，可将火焰分为三类：化学计量火焰、富燃火焰和贫燃火焰。化学计量火焰是指由于燃气与助燃气之比与化学反应计量关系相近，又称其为中性火焰。这类火焰温度高、稳定、干扰小、背景低，适合于许多元素的测定。富

燃火焰是指燃气大于化学计量的火焰，其特点是燃烧不完全，温度略低于化学计量火焰，具有还原性，适合于易形成难解离氧化物的元素测定，再就是它的干扰较多，背景高。贫燃火焰是指助燃气大于化学计量的火焰，它温度比较高，有较强的氧化性，有利于测定易解离、易电离的元素，如碱金属。

实际的火焰体系并非整体处于热平衡状态，在火焰的不同区域和部位，其温度是不同的。每一种火焰都有其自身的温度分布。同时每一种元素在一种火焰中，不同的观测高度其吸光度值也会不同。因此，在火焰原子化法测定时要选择合适的观测高度。

火焰的光谱特性是指没有样品进入时，火焰本身对光源辐射的吸收，火焰的光谱特性决定于火焰的成分，并限制了火焰应用的波长范围。乙炔-空气火焰在短波区有较大的吸收，而氩-氢扩散火焰的吸收很小。

最常用的是乙炔-空气火焰，它的火焰温度较高，燃烧稳定，噪声小，重现性好。分析线波长大于230nm，可用于碱金属、碱土金属、贵金属等30多种元素的测定。另一种是乙炔-氧化亚氮火焰，它的温度高，是目前唯一能广泛应用的高温火焰。它干扰少，而且具有很强的还原性，可以使许多难解离的氧化物分解并原子化，如铝、硼、钛、钒、锆、稀土等。它可测定70多种元素，温度高，易使被测原子电离，同时燃烧产物易造成分子吸收背景。还有氢-空气火焰，它是氧化性火焰，温度较低，特别适合于共振线在短波区的元素，如砷、硒、锡、锌等的测定。氢-氩火焰也具有氢-空气火焰的特点，并且比它更好。火焰原子化器的操作简单，火焰稳定，重现性好，精密度高，应用范围广。但它原子化效率低，通常只能液体进样。

非火焰原子化器也称炉原子化器，大致分为两类：电加热石墨炉(管)原子化器和电加热石英管原子化器。石墨炉原子化器，其工作原理是大电流通过石墨管产生高热、高温，使试样原子化。这种方法又称为电热原子化法。石英管原子化器是将气态分析物引入石英管内，在较低温度下实现原子化，该方法又称为低温原子化法。它主要是与蒸汽发生法配合使用。蒸汽发生法是将被测元素通过化学反应转化为挥发态，包括氢化物发生法、汞蒸气发生法等，氢化物发生法是应用最多的方法。

在非火焰原子化器中，氢化物发生法对汞、砷等元素测量非常有力，现在多用在试样溶液中加入硼氢化钠或硼氢化钾作为还原剂，在一定酸度下产生汞蒸气，反应速率很快，反应过程中产生的氢气本身又可作为载气将汞蒸气带入石英管中进行测定。生成易挥发性氢化物的元素有镓、锡、铬、铅、砷、锑、铋、硒和碲等，生成的氢化物，如 AsH_3、SnH_4、BiH_3 等。这些氢化物经载气送入石英管中，经加热分解成相应的基态原子。氢化物法可将被测元素从试样中分离出来并得到富集；一般不受试样中存在的基体干扰；检出限低，优于石墨炉法；进样效率高；选择性好。氢化物发生法的技术还可以应用到石墨炉原子化器、原子荧光光谱分析、ICP原子发射光谱及气相色谱分析等。

(3) 单色器

单色器由入射和出射狭缝、反射镜和色散元件组成。色散元件一般用的都是平面闪耀光栅。单色器可将被测元素的共振吸收线与邻近谱线分开。单色器置于原子化器后边，防止原子化器内发射辐射干扰进入检测器，也可避免光电倍增管疲劳。

(4) 检测器

检测器通常用的光电转换器为光电倍增管(PMT)，还有信号处理系统卫信号输出系统。

2.3 原子吸收光谱法的干扰及其消除

原子吸收光谱法的干扰是比较少的，但对其也不能忽视。根据干扰产生的原因来分类，主要有物理干扰、化学干扰、电离干扰、光谱干扰及背景干扰。

（1）物理干扰

物理干扰是指在试样转移、气溶胶形成、试样热解、灰化和被测元素原子化等过程中，由于试样的任何物理特性的变化而引起原子吸收信号下降的效应。物理干扰是非选择性的，对试样中各元素的影响是基本相似的。

物理性质的变化来自试液黏度的改变会引起火焰原子化法雾化量的变化；石墨炉原子化法会影响进样的精度。表面张力会影响火焰原子化法气溶胶的粒径及其分布的改变；石墨炉原子化法影响石墨表面的润湿性和分布。还有温度和蒸发性质，它们的改变会影响原子化总过程中的各过程。在氢化物发生法中，从反应溶液到原子化器之间输送氢化物过程的干扰等。消除上述干扰的方法是配制与被测试样组成相近的标准溶液或采用标准加入法。若试样溶液浓度过高，还可采用稀释法。

（2）化学干扰

化学干扰是由于被测元素原子与共存组分发生化学反应生成稳定的化合物，影响被测元素原子化。消除化学干扰的方法有以下几种：

① 选择合适的原子化方法　提高原子化温度，化学干扰会减小。使用高温火焰或提高石墨炉原子化温度，可使难解离的化合物分解。如在高温火焰中，磷酸根不干扰钙的测定。

② 加入释放剂　释放剂的作用是释放剂与干扰物质能生成比被测元素更稳定的化合物，使被测元素释放出来。例如，磷酸根干扰钙的测定，可在试液中加入镧、锶盐，镧、锶与磷酸根首先生成比钙更稳定的磷酸盐，就相当于把钙释放出来了。释放剂的应用比较广泛。

③ 加入保护剂　保护剂的作用是它可与被测元素生成易分解的或更稳定的配合物，防止被测元素与干扰组分生成难解离的化合物。保护剂一般是有机络合剂，用得最多的是EDTA与8-羟基喹啉。例如，铝干扰镁的测定，8-羟基喹啉可做保护剂。

④ 加入基体改进剂　石墨炉原子化法，在试样中加入基体改进剂，使其在干燥或灰化阶段与试样发生化学变化，其结果可能增加基体的挥发性或改变被测元素的挥发性，以消除干扰。例如测定海水中的Cd时，为了使Cd在背景信号出现前原子化，可加入EDTA来降低原子化温度，消除干扰。

当以上方法都不能消除化学干扰时，只好采用化学分离的方法，如溶剂苯取、离子交换、沉淀、吸附等。近年来流动注射技术引入到原子吸收光谱分析中，取得了重大的成功。

（3）电离干扰

在高温条件下，原子会电离，使基态原子数减少，吸光度值下降，这种干扰称为电离干扰。消除电离干扰最有效的方法是加入过量的消电离剂，消电离剂是比被测元素电离能低的元素，相同条件下消电离剂首先电离，产生大量的电子，抑制被测元素电离。例如，测钙时有电离干扰，可加入过量的KCl溶液来消除干扰。

（4）光谱干扰

光谱干扰主要体现在以下几种：

① 吸收线重叠　共存元素吸收线与被测元素分析线波长很接近时，两谱线重叠或部分

重叠，会使分析结果偏高。不过这种谱线重叠不是太多，或选者其他分析线即可克服。

② 光谱通带内存在的非吸收线　这些非吸收线可能是被测元素的其他共振线与非共振线，也可能是光源中杂质的谱线等干扰。这时可减小狭缝宽度与灯电流，或另选其他谱线。

③ 原子化器内直流发射干扰。

(5) 背景干扰

背景干扰也是一种光谱干扰。分子吸收与光散射是形成光谱背景的主要因素。

分子吸收是指在原子化过程中生成的分子对辐射的吸收，分子吸收是带状光谱，会在一定波长范围内形成干扰。在原子化过程中未解离的或生成的气体分子，常见的有卤化物、氢氧化物、氰化物等，以及热稳定性的气态分子对辐射的吸收。它们在较宽的波长范围内形成分子带状光谱。例如，碱金属卤化物在200~400nm 范围内有分子吸收谱带。光散射是指原子化过程中产生的微小的固体颗粒使光产生散射，造成透射光减弱，吸光度增加。

通常背景干扰都是使吸光度增加，产生正误差。石墨炉原子化法背景吸收的干扰比火焰原子化法严重。不管哪种方法，有时不扣除背景就不能进行测定。通常的背景校正方法有氘灯连续光源校正背景吸收和 Zeeman 效应背景校正法。

2.4　原子吸收的分析方法

(1) 测量条件的选择

原子吸收光谱法中，测量条件的选择对测定的准确度、灵敏度等都会有较大影响。因此必须选择合适的测量条件，才能得到满意的分析结果。

首先是分析线的选择，通常选择元素的共振线作分析线。在分析被测元素浓度较高的试样时，可选用灵敏度较低的非共振线做分析线。表 2-2 列出了常用的各元素分析线。

表 2-2　原子吸收光谱法中常用的分析线

元　素	λ/nm	元　素	λ/nm	元　素	λ/nm
Ag	328.07，339.29	Hg	253.65	Ru	349.89，372.80
Al	309.27，308.22	Ho	410.38，405.39	Sb	217.58，206.83
As	193.64，197.20	In	303.94，325.61	Se	391.18，402.04
Au	242.80，267.60	Ir	209.26，208.88	Se	196.09，703.99
B	249.68，249.77	K	766.49，769.90	Si	251.61，250.69
Ba	553.55，455.40	La	550.13，418.73	Sm	429.67，520.06
Be	234.86	Li	670.78，323.26	Sn	224.61，286.33
Bi	223.06，222.83	Lu	335.96，328.17	Sr	460.73，407.77
Ca	422.67，239.86	Mg	285.21，279.55	Ta	271.47，277.59
Cd	228.80，326.11	Mn	279.48，403.68	Tb	432.65，431.89
Ce	520.00，369.70	Mo	313.26，317.04	Te	214.28，225.90
Co	240.71，242.49	Na	589.00，330.30	Th	371.90，380.30
Cr	357.87，359.35	Nb	334.37，358.03	Ti	364.27，337.15
Cs	852.11，455.54	Nd	463.42，471.90	Tl	273.79，377.58
Cu	324.75，327.40	Ni	323.00，341.48	Tm	409.4
Dy	421.17，404.60	Os	290.91，305.87	U	351.46，358.49
Er	400.80，415.11	Pb	216.70，283.31	V	318.40，385.58
Eu	459.40，462.72	Pd	497.64，244.79	W	255.14，294.74
Fe	248.33，352.29	Pr	495.14，513.34	Y	410.24，412.83
Ga	287.42，294.42	Pt	265.95，306.47	Yb	398.80，346.44
Gd	368.41，407.87	Rb	780.02，794.76	Zn	213.86，307.59
Ge	265.16，275.46	Re	346.05，346.47	Zr	360.12，301.18
Hf	307.29，286.64	Rh	343.49，339.69		

狭缝宽度影响光谱通带宽度与检测器接收辐射的能量。原子吸收光谱分析中，谱线重叠的概率较小，因此可以使用较宽的狭缝，以增加光强与降低检出限。通过实验进行选择，调节不同的狭缝宽度，测定吸光度随狭缝宽度的变化。当有干扰线进入光谱通带内时，吸光度值将立即减小。不引起吸光度减小的最大狭缝宽度为应选择的合适的狭缝宽度。

空心阴极灯的发射特征取决于工作电流。灯电流过小，放电不稳定，光输出的强度小；灯电流过大，发射谱线变宽，导致灵敏度下降，灯寿命缩短。选择灯电流时，应在保证稳定和有合适的光强输出的情况下，尽量选用较低的工作电流。一般商品空心阴极灯都标有允许使用的最大电流与可使用的电流范围，通常选用最大电流的 1/2~2/3 为工作电流。实际工作中，最合适的工作电流应通过实验确定。空心阴极灯一般需要预热 10~30 min。

原子化条件也是测量条件中的一个重要指标，对火焰原子化法而言，火焰的选择与调节是影响原子化效率的主要因素。首先要根据试样的性质选择火焰的类型，然后通过实验确定合适的燃气与助燃气的比。同时调节燃烧器高度来控制光束的高度，以得到较高的灵敏度。对于石墨炉原子化法要合理选择干燥、灰化、原子化及净化等阶段的温度与时间。这些条件要通过实验来选择。

进样量过大、过小都会影响测量的灵敏度，过小，信号太弱；过大，在火焰原子化法中，对火焰会产生冷却效应，在石墨炉原子化法中，会使除残产生困难。在实际工作中，可通过实验选择合适的进样量。

(2)分析方法

原子吸收光谱法同原子发射光谱法一样，分析方法采用校准曲线法、标准加入法及内标法等。

2.5 原子吸收光谱法的应用

1955 年原子吸收光谱法诞生后，因其简洁准确的优点，迅速应用于分析化学的各个领域，国内大规模地使用该分析方法在 20 世纪 90 年代，主要应用在冶金、化学化工、地质勘探，食品、环境检测，疾病控制等领域。

2.5.1 原子吸收法在高分子材料分析中的应用

聚醚酮酮属于聚芳醚类特种高分子材料，相比广泛使用的聚醚醚酮，具有更突出的物理化学性能，聚醚酮酮通常在 $AlCl_3$催化下合成，因此产品中催化剂 Al^{3+}残留量成为衡量产品质量的关键指标之一，较高的 Al^{3+}残留将导致高温加工成型过程中的次生催化效应，使产品变色或局部微分解，而对于在电子领域中的应用，产品中的 Al^{3+}含量将直接影响其电阻特性。梅朋等建立了石墨炉原子吸收光谱快速测定聚醚酮酮特种高分子材料催化剂 Al^{3+}残留的方法。样品以浓 H_2SO_4磺化后，以四氢呋喃溶解，直接进样，以原子吸收测定铝含量。对样品处理方法进行系统研究，结果表明，0. 2g 样品以 2mL 浓 H_2SO_4在 220℃溶解 4min 即可获得澄清溶液，并可进一步与四氢呋喃形成稳定溶液或分散液，满足进样分析要求。方法检出限(3σ)为 38. 5ng/g，平行测定精密度 RSD($n=6$)为 2. 2%，加入回收率为 99%和 105%。相比传统高温灼烧法，此方法更简洁、快速，且大大降低了样品处理过程中的玷污风险。

2.5.2 原子吸收法在金属材料分析中的应用

目前金属材料中的很多金属离子含量的测定均采用原子吸收法，如钢铁中铜的测定有火焰原子吸收分光光度法(GB 223. 53—1987)。林建梅等建立了以镍(Ⅱ)-4-(2-吡啶偶氮)-

间苯二酚共沉淀体系分离富集铜，采用火焰原子吸收光谱法测定钢中 Cu 的方法。在 pH 为 4.0 的条件下，加入 2.0mL 的镍(Ⅱ)-4-(2-吡啶偶氮)-间苯二酚乙醇溶液，以 Ni^{2+} 为共沉淀剂载体，能够将试样中的 Cu 沉淀完全。试验表明，Cu 量在 0.1～10.0μg/mL 范围内与吸光度呈线性关系，相关系数 $r=0.9999$。方法检出限为 3.48μg/L。

2.5.3 原子吸收法在食品分析中的应用

重金属超标不仅会造成环境污染，还会在生物体内累积，累积达到一定程度会对人体健康构成威胁。食品中主要存在 Pb、Cd、Cr、Hg 和 As 等重金属元素，可能导致人体神经系统、呼吸系统和消化系统等多种器官的损伤。Parengam 等人采用仪器中子活化分析和石墨炉原子吸收光谱法测定米类和豆类中的金属元素，结果表明：Al、Ca、Mn 和 K 等金属元素采用仪器中子活化分析更准确，相对误差和相对标准偏差均小于 10%，但测定 Pb 和 Cd 的灵敏度较低；采用石墨炉原子吸收光谱法测定铅和镉灵敏度高，回收率均高于 80%，且相对误差分别为 1.54%和 6.06%。王飞等人采用控温消解-冷原子吸收方法测定水果蔬菜中微量 Hg，对程序控温消解仪的消解条件、氢化物-冷原子吸收的测定条件进行了探讨，选择最佳条件下，回收率为 86.99%～108.00%，相对标准偏差为 4.6%～10.8%。顾佳丽采用石墨炉原子吸收光谱法测定辽西地区常见食用鱼中肉、鳃和内脏 3 个组织器官内 Cd、Cu、Cr、Fe、Zn 和 Pb 6 种元素的含量。结果表明：所检测鱼中 Fe、Cu 和 Zn 含量较高，Cd、Cr 和 Pb 含量较低；鱼内脏和鳃中的重金属含量高于鱼肉。贝类由于移动能力弱且对重金属有较强的吸附积累能力，贝类中重金属含量容易超标。

2.5.4 原子吸收法在环境分析中的应用

环境监测数据是进行环境科学研究和制定环境战略、政策和规范的基础资料与依据。环境研究中经常关注的一些元素正是原子吸收光谱分析法所擅长测定的元素。因此，它在环境监测方面获得了相当广泛的应用。

原子吸收光谱法广泛用于水环境中重金属的监测。张秀尧采用原子吸收光谱法技术测定水中痕量镉和铜，在 pH 为 6 条件下，样品流速 6.0mL/min，用 0.5mol/L 的 HCl 洗脱，总灵敏度提高 120～136 倍，对镉和铜检出限为 0.1μg/L 和 0.2μg/L。娄涛等通过对 3 种样品消解体系的选择，建立了用原子吸收仪测定大气颗粒物中重金属的分析方法。实验结果表明：采用 HNO_3-$HClO_4$，消解体系，操作方便，样品消解较完全，结果的准确度和精密度较高。

2.5.5 原子吸收法在药物分析中的应用

张瑾利用原子吸收光谱法对 16 种活血化瘀中草药中 10 种微量元素进行了测定。方法的回收率为 95.0%～105.0%，相对标准偏差小于 0.03%。梁淑轩等采用 HNO_3：$HClO_4$(4：1)混酸消化、石墨炉原子吸收法同时测定了银杏、杜仲及绞股蓝成熟青叶中的 Se、Ge、Cu、Zn、Fe、Mn 等 6 种微量元素，方法简便快速。通过对桃叶标准物中的 Cu、Zn、Fe、Mn 等 4 种微量元素的测定，证明了方法准确可靠。实验结果表明这 3 种药用植物叶中 Cu、Zn、Fe、Mn 含量都较为丰富，特别是银杏叶中的 Se、绞股蓝中的 Ge 含量较高。

第 3 章　紫外–可见光谱分析法

紫外–可见光谱是当光照射样品分子或原子时，外层的电子吸收一定波长的光，由基态跃迁至激发态而产生的光谱，不同结构的分子，电子跃迁方式不同，吸收紫外–可见光波长以及吸收程度不同。因此，利用物质的分子或离子对紫外和可见光的吸收所产生的紫外可见光谱及吸收程度可以对物质的组成、含量和结构进行分析、测定、推断。常见的紫外–可见光谱仪的测试范围包括 200~400nm 的近紫外光区和 400~800nm 的可见光区域。

3.1　紫外–可见光谱分析法的基本原理

紫外可见光谱是利用紫外可见光使有机物分子发生电子跃迁而实现。200~400nm 紫外光和 400~800 nm 可见光的能量分别为 609~300kJ/mol 以及 300~150kJ/mol，两者的能量均能引起有机物分子的电子跃迁，尤其是紫外光的能量与大多数有机分子的化学键的能量接近。

由于 C、H、O、N 等元素的原子组成的有机分子，一般含有成键的 σ，π 和非成键的 n 电子及相应的 σ、π 和 n 分子轨道，以能量不变的 n 轨道为 E_0，和 π 成键轨道能量降低为 $-E_\sigma$ 和 $-E_\pi$。相应的反键轨道能量升高为 E_{σ^*} 和 E_{π^*}。

正常状态下，有机分子中的电子在成键轨道或非成键轨道中运行，保证分子的稳定。当分子吸收外界提供能量后，电子将发生跃迁，从低能量轨道跃迁到高能量轨道上，主要有 $\sigma\rightarrow\sigma^*$，$\pi\rightarrow\pi^*$，$n\rightarrow\sigma^*$ 和 $n\rightarrow\pi^*$ 四种类型的电子跃迁。四种类型所需的能量分别是 $\sigma\rightarrow\sigma^* > \pi\rightarrow\pi^* > n\rightarrow\sigma^* > n\rightarrow\pi^*$，如图 3-1 所示。

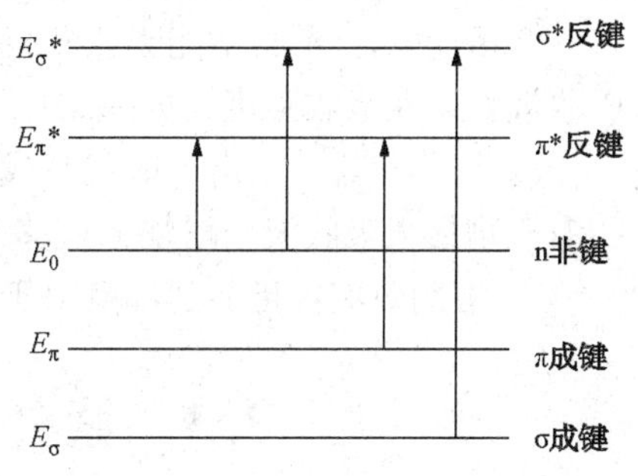

图 3-1　分子轨道能级与电子跃迁

$\sigma\rightarrow\sigma^*$ 电子跃迁所需能量较高，吸收波长小于 150nm 的光子，即在真空紫外光区有吸收，在紫外光谱区没有吸收。$n\rightarrow\sigma^*$ 跃迁，这种类型的跃迁吸收波长一般在 150~250nm，只有一部分在紫外光谱区，因此在紫外光谱区不易观察到。对于 $\pi\rightarrow\pi^*$ 跃迁，通常共轭烯烃、不饱和烃和芳香烃类会发生此类跃迁，吸收波长主要在紫外光谱区，较易观察到。$n\rightarrow\pi^*$ 跃迁所需的能量较小吸收波长大于 200nm。

紫外可见光谱是根据有机物分子发生电子跃迁能量的差异，即所需光的波长差异来分析不同有机分子结构的。

3.2　紫外–可见光谱分析法的谱图分析

紫外–可见光谱主要以波长来表征。标准的紫外可见光谱是以波长为横坐标峰，吸光度为纵坐标，如图 3-2 所示。

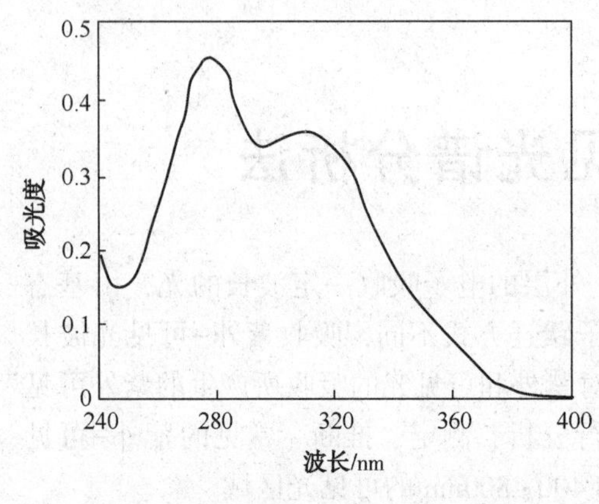

图 3-2 有机物紫外-可见光谱图示例

紫外可见光谱峰的强度遵守朗伯-比耳(Lambert-Beer)定律，可用下式表达：

$$A=\log(I_0/I)=\varepsilon cl$$

式中 A——吸光度；

I_0、I——入射光和投射光强度，与吸光系数与物质的性质及入射光的波长有关，表明有机物在吸收峰波长能否发生电子跃迁；

c——测定样品的浓度；

l——测定样品容器的长度即光程。

吸光度 A 与吸光物质的浓度 c 及吸收层厚度 l 成正比。

在紫外光谱分析中，主要将谱带分成四种类型，R 吸收带、K 吸收带、B 吸收带和 E 吸收带。R 吸收带主要是 $n\rightarrow\pi^*$ 跃迁形成的，吸收系数较小，谱带较弱，易被掩盖，—NH_2、—OR 的卤代烷可产生这种谱带。K 吸收带是由 $\pi\rightarrow\pi^*$ 跃迁形成，吸收谱带较强，共轭烯烃、取代芳香族化合物可产生这类谱带。B 吸收带是芳香化合物和杂芳香化合物的特征谱带，在这个谱带中能反映出有些化合物的精细结构。E 吸收带同样是芳香族化合物的特征谱带，吸收波长偏向紫外的低波长部分。

紫外-可见光谱中常见的基本术语：

① 生色基：能够吸收紫外或可见光的基团。例如芳环、C ═C 等，通常能够产生 $\pi\rightarrow\pi^*$、$n\rightarrow\pi^*$ 类型跃迁的基团都是生色基。

② 助色基：本身不能吸收紫外或可见光，但当其与生色基相连时，能够增强生色基的吸收波长以及吸收强度，如—NH_2、—OH、—Cl 等。

③ 红移和蓝移：由于取代基或溶剂作用使得有机物的最大吸收波长发生变化，红移是指有机物最大吸收波长增加，蓝移是有机物最大吸收波长减小。

④ 溶剂效应：指溶剂本身由于极性对有机物的吸收波长和强度产生的影响。

3.3 紫外-可见光谱分析法的装置

紫外光谱的测试仪器为紫外-可见光光度计。现代化的光电式分光光度计主要有以下五部分组成：

① 光源 光源是提供入射光的装置，可分为两部分，紫外部分一般常用氘灯做光源，其波长范围为 190~400 nm；可见光部分用钨灯或卤素灯做光源，其波长范围为 350~2500 nm。

② 单色器 单色器是将光源辐射的复合光分成单色光的光学装置，一般由狭缝、色散元件及透镜系统组成。常用的色散元件是棱镜和光栅。

③ 样品室 样品室是盛放分析样品的装置，主要由比色皿等组成。比色皿有玻璃和石英两种材料。石英比色皿适用于紫外光区和可见光区，而玻璃比色皿只可用于可见光区的测定。为减少光损失，比色皿的光学面必须完全垂直于入射光方向，且保持洁净。

④ 检测器 检测器的功能是检测光强度，并将光信号转变成电信号。要求灵敏度高、响应时间短、噪声水平低且有良好的稳定性。常用的检测器有硒光电池、光电管、光电倍增

管和光电二极管阵列检测器。

⑤ 显示器　显示器是将检测器输出的信号放大并显示出来的装置。常用的装置有表头指示、数字指示和计算机指示等。近年来，分光光度计基本上实现了电脑处理，大大提高了仪器的自动化程度。

图 3-3 是紫外-可见光分光光度计的示意图。

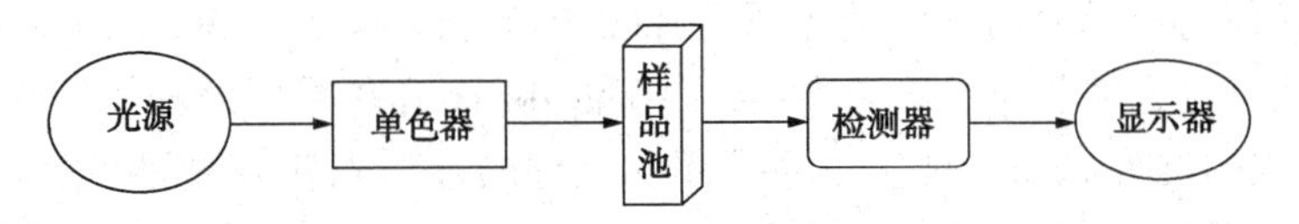

图 3-3　紫外-可见光分光光度计组件示意图

3.4　紫外-可见光谱分析法的应用

紫外可见分光光度计是一种应用很广的仪器。它的应用领域涉及制药、医疗卫生、材料、化学化工、环保、地质、机械、冶金、计量科学、石油、食品、生物、农业、林业、渔业等领域中的科研、教学等各个方面，用来进行定性分析、纯度检查、结构分析、络合物组成及稳定常数的测定、反应动力学研究等。

下面主要介绍紫外可见光谱在有机物中的应用：

① 定性分析　可以利用紫外可见光谱分析得出有机物部分组成信息。例如，谱图中在 210~250nm 处有强的吸收，说明有机物中存在—C ═C—或者—C ═O 不饱和共轭体系；如果在 250~300nm 存在弱的吸收峰则表明有机物中含苯环。由于有机物的吸收峰一般只有 1~3 个峰形也较为平稳，分析较为简单，但能够提供的信息较少。通常只有含重键或者共轭体系的分子才有紫外吸收，这对紫外光谱的应用有一定的限制。

② 定量分析　紫外可见光谱能够对被测物质进行定量分析，这也是紫外-可见光谱相对于核磁共振谱、红外光谱以及质谱的优势所在。主要根据朗伯-比尔定律，通过确定有机物的最大吸收波长和摩尔吸光系数，测定不同浓度的有机物纯品的紫外光谱，得到有机物浓度与吸光度的关系曲线，对含该有机物的混合物测试紫外-可见光谱，根据混合物在纯品最大波长处的吸光强度，即可从浓度和吸光度曲线上找到相应的浓度。

第 4 章　红外光谱分析法

红外光谱又称为分子振动动转动光谱。1800 年英国科学家 William Herchel 在试验过程中首次发现了比可见光波长更长的红外光。Abney 和 Festing 采用照相法记录了有机液体在 1.0~1.2μm 吸收的红外光谱，证实了原子团和氢键的近红光外谱图的特性。真正意义上诞生红外光谱的是 Cobeltz 在 1905 年发表的 128 种有机和无机化合物的红外吸收光谱。1947 年，采用棱镜作为色散元件的双光束自动记录红外分光光度计在美国投入使用，这是世界第一台实用的光谱仪器。第二代红外分光光度计诞生于 20 世纪 60 年代，主要用于分子结构的基础研究和化学组成分析，由有机化合物扩展到络合物，高分子化合物和无机化合物。傅立叶变换技术和计算机技术应用到红外光谱中诞生了第三代现代版光谱分光光度计，具有分辨率高、样品量少、测量速度快和大量的红外光谱数据库等特点。应用红外光谱可以测定分子的键长、键角，并以此推断分子的立体构型；也可通过红外光谱中吸收峰的位置和形状来推断未知物的结构，并根据吸收峰的强度测定混合物中各组分的含量。红外光谱测定具有方便、快速、灵敏度高和能测定各种状态的试样等特性，广泛应用于现代结构化学和分析化学。

4.1　红外光谱分析法的基本原理

红外光谱是由于分子振动能级的跃迁而产生的，在此过程中同时伴有转动能级的跃迁。物质吸收电磁辐射应满足两个条件：

① 辐射正好满足物质跃迁时所需的能量；

② 辐射与物质之间有相互作用。

当有一定频率的红外光照射分子时，若分子中的某个基团的振动频率与外界红外辐射频率一致时，即满足条件①。为满足条件②，分子内必须发生偶极距的变化。任何已知分子整体均呈电中性，但由于构成分子的各个原子电负性不同，分子显示出不同的极性。一般用偶极距 μ 来描述分子极性大小。假设分子中正负电荷中心的电荷分别为 $+q$ 和 $-q$，正负电荷中心距离为 d，则

$$\mu = q \times d$$

分子中原子处于其平衡位置不断地振动状态，在振动过程中 d 不断发生变化，分子的 μ 也发生相应改变，分子偶极距也有确定的变化频率。对称分子中，正负电荷中心重叠，$d=0$，因此分子振动不引起 μ 变化。分子振动能级跃迁的第二个条件其实是外界辐射通过偶极距的变化将它的能量迁移到分子中去。由于偶极子有一定的固有振动频率，因此只有辐射频率与偶极子的振动频率相匹配时，分子才与辐射发生相互作用而增加它的振动动能，使分子由基态振动跃迁到较高的振动能级。因此，只有偶极距变化的振动才能引起可观测的红外吸收谱带。

由此可知，当一定频率的红外光照射分子时，若分子中某个基团的振动频率与它一致，二者即会产生共振，光的能量通过分子偶极距变化而传递给分子，该基团吸收一定频率的红

外光，产生振动跃迁。若红外光的振动频率与分子中的各个基团振动频率不符合，该部分红外光就不会被吸收。若采用连续改变频率的红外光照射试样，由于试样对不同频率的红外光吸收效果不同，则通过试样的红外光在部分波长范围内变弱(吸收)，而另一部分波长范围内基本不发生变化(不吸收)。通过仪器记录分子吸收红外光的强弱，即可得到该试样的红外吸收光谱图。

4.2 红外光谱分析法的装置

20世纪60年代末期开始出现了傅里叶变换红外光谱仪，属于第三代红外光谱仪，如图4-1所示。它具有光通量大、速度快、灵敏度高等特点。工作原理如图4-2所示。

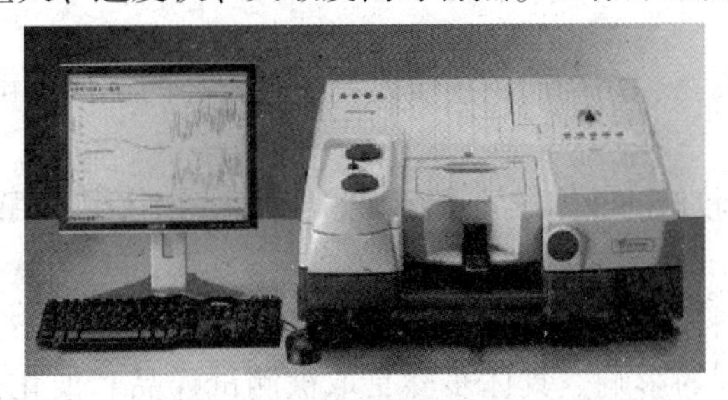

图4-1 傅里叶变换红外光谱仪

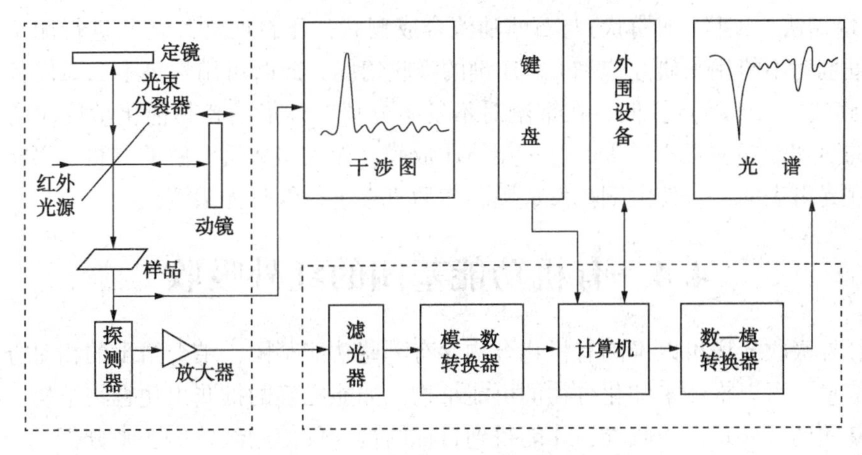

图4-2 傅里叶变换红外光谱仪工作原理图

在傅里叶变换红外光谱仪中，核心部件是迈克尔干涉仪，由它测得时域图。干涉仪分为光源、动镜、定镜、分束器和检测器几个部分组成。

当光源发出一束光后，首先到达分束器，把光分成两束：一束透射到定镜，随后反射回分束器，再反射入样品池后到检测器；另一束经过分束器，反射到动镜，再反射回分束器透过分束器与定镜的光合在一起，形成干涉光透过样品池后进入检测器。由于动镜的不断运动，使两束光线的光程差随动镜移动距离的不同，呈周期性变化。因此，在检测器上所接收到的信号是以$\lambda/2$为周期变化的。干涉光信号强度的变化可用余弦函数表示，此外，干涉光的变化频率与光源频率和动镜移动速度u有关。若光源发出的是多色光，干涉光强度应该是各单色光的叠加。把样品放在检测器前，由于样品对某些频率的红外光吸收，使检测器接收到的光强发生变化，从而得到各种不同样品的干涉图。这个变化过程比较复杂，在仪器中是由计算机完成的，最后计算机控制终端打印出经典红外光谱仪同样的光强随频率变化的红外吸收光谱图。

4.3 试样的制备

在红外光谱测试过程中，试样的制备极其重要。不同的样品要选用不同的制样方法，要求谱图中最强吸收带的透光度在0~10%之间，既可使弱吸收峰看得清楚，也可区别出噪声。

根据试样的聚集状态，可以将试样制备方法分为以下几类：

(1) 气态试样

使用气体吸收样品池，先将吸收池内的空气抽去，然后吸入试样。

(2) 液态试样

对于黏度较高的低聚物、黏合剂类物质或者沸点较高的试样，可以将其涂在溴化钾晶体片上测试。

对于黏度较低和沸点较低的液体样品，可以使用红外光谱仪中专用的液体吸收池进行测定。

(3) 固态试样

① 压片法　对于粉末类物质，首先选用溴化钾压片法，该方法使用的样品质量少，制样过程不受溶剂或者温度的影响。具体步骤是取被测试样品和溴化钾粉末按质量比1：100的比例在玛瑙研钵中充分研磨并混合均匀，转入模具中在压机上压片并测试。

② 石蜡糊法　试样(细粉状)与石蜡油混合成糊状，压在两岩片之间进行测定。当使用石蜡油作糊剂时不能用来研究饱和C—H键的吸收情况，此时可用六氯丁二烯代替石蜡油。

③ 薄膜法　对于熔点较低，在熔融时不发生分解、升华或者其他化学反应的物质，如不易溶解的热塑性塑料聚乙烯等，可采用热压成膜。而大多数可溶解的材料，可将聚合物溶解并涂覆在光滑表面上，使溶剂挥发成膜，然后直接进行红外光谱测试。

4.4 有机功能基团的红外吸收

利用红外吸收光谱可以推测有机化合物含有哪些功能基团，结合给出的相对分子质量和分子式等信息，可以推测未知化合物的可能结构。如能准确的推测出化合物结构，必须熟悉各种功能基团的红外特征吸收峰，才能得到目标结构，仅使用红外谱图来分析，一般会得到几种或者多种可能的结构，可结合其他仪器的表征手段进行分析，准确得出唯一的目标化合物，或利用红外光谱数据库进行筛选和比对。表4-1为各种功能基团的特征红外吸收区域。

表4-1　功能基团的特征红外吸收区域

波数/cm^{-1}	主要基团
4000~3000	O—H、N—H伸缩振动
3300~2700	C—H伸缩振动
2500~1900	—C≡C—、—C≡N、—C=C=C—、—N=C=C—伸缩振动
1900~1650	>C=O伸缩振动
1675~1500	芳环、>C=C<、>C=N—伸缩振动
1500~1300	C—H面内弯曲振动
1300~1000	C—O、C—F、Si—O伸缩振动，C—C骨架振动

4.5 红外光谱的应用

红外光谱在材料研究中是一种有效的手段，可以分析和鉴别高分子材料的结构。

因为红外光谱操作简单，谱图的特征性强，因此是鉴别聚合物材料的理想方法。定性分析的最直接方法是将样品的红外谱图在红外光谱库中进行比对。

图 4-3 给出了 *N*-苯基马来酰亚胺(NPMI)单体及其聚合物聚 *N*-苯基马来酰亚胺(PNPMI)的红外谱图。在 PNPMI 红外谱图中，1600cm^{-1}、1500cm^{-1}、1451cm^{-1}是苯环的碳碳骨架伸缩振动吸收峰；1772cm^{-1}和 1702cm^{-1}是酰亚胺环中羰基 C ═O 的伸缩振动吸收峰，1383cm^{-1}和 1182cm^{-1}分别对应了 PNPMI 单体单元中 C—N—C 的不对称伸缩振动和对称伸缩振动吸收峰。与 NPMI 单体的红外谱图相比，在 PNPMI 谱图中，在 840cm^{-1}处双键的吸收峰消失，而 2900cm^{-1}处出现了 CH_2的吸收峰，证明 *N*-苯基马来酰亚胺是通过打开碳碳双键的方式进行聚合。

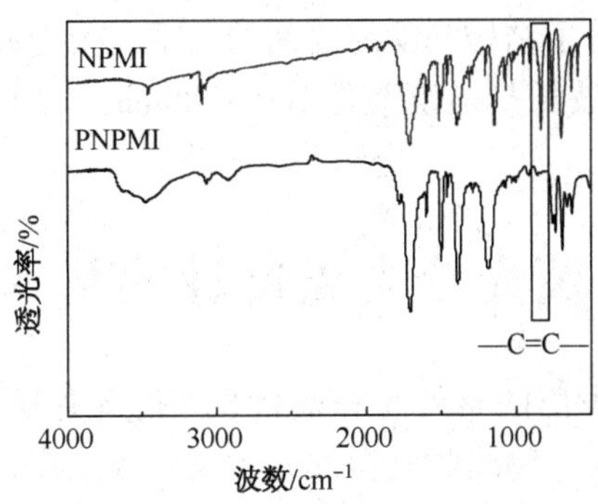

图 4-3　*N*-苯基马来酰亚胺(NPMI)和聚 *N*-苯基马来酰亚胺(PNPMI)的 FTIR 图

第5章　荧光分光光度计分析法

某些有机分子在吸收了照射光(一般为紫外可见)的能量后，处于基态最低能量级的分子被激发到各个振动能级的电子激发态。当被激发的分子与周围的分子发生碰撞，一部分能量以热能的形式传给周围的分子，然后自身降到第二电子激发态的最低振动能级。最后，由此最低振动能级向基态的各个振动能级跃迁，并以发光的形式释放出其能量，这种光即称为荧光。荧光分光光度计是用于扫描液相荧光标记物所发出的荧光光谱的一种仪器。它能检测分子的激发光谱、发射光谱、荧光强度、量子产率、荧光寿命、荧光偏振等许多物理化学参数，从不同的角度反映了分子的成键和结构情况，可以研究分子荧光的性能。有了这些参数的测定，荧光分光光度计不仅可以做一般的定量分析，还可以用来推断分子在不同环境下的构象变化，能够进一步阐明分子结构与功能之间的关系。荧光分光光度计的激发波长扫描范围一般是190~650nm，发射波长扫描范围是200~800nm，对于样品可适用于液体、固体样品(如凝胶条)的光谱扫描。

5.1　荧光分光光度计的基本原理

由光源(一般为氙弧灯)发出的紫外光和蓝紫光经滤光片照射到样品池中，该光称为荧光物质的激发光，样品中的荧光物质收到激发光激发后放出荧光，成为发射光，荧光经过滤过和反射后，经过单色器变成单色荧光后被光电倍增管所接受，然后以图或数字的形式在记录仪中显示出来。

对于具有荧光分子，通常状况下处于基态的分子吸收激发光后变为不稳定的激发态，当返回基态的过程中将一部分的能量又以光的形式放出，从而产生荧光。

不同物质由于不同的分子结构，其激发态能级的分布具有各自不同的特征，所以不同的物质都有其特征荧光激发和发射光谱，因此，可以用荧光激发和发射光谱的来定性地进行物质的鉴定。

在溶液中，其荧光强度与荧光物质的浓度有影响，当荧光物质的浓度较低时，荧光强度与该物质的浓度通常有良好的正比关系，即$IF=KC$，利用这种关系可以进行荧光物质的定量分析，与紫外-可见分光光度法类似，荧光分析通常也采用标准曲线法进行。

5.2　荧光分光光度计的装置

测试荧光的仪器主要由五个部分组成：光源、激发光源、样品池、双单色器系统、检测器。(特殊点：有两个单色器，光源与检测器成直角)。基本流程如图5-1所示。

① 光源　能够有足够的强度且有连续的光谱，一般为高压汞蒸气灯或氙弧灯，后者能发射出强度较大的连续光谱，且在300~400nm范围内强度几乎相等，故较常用。

② 激发单色器　置于光源和样品室之间的为激发单色器或第一单色器，筛选出特定的激发光谱。

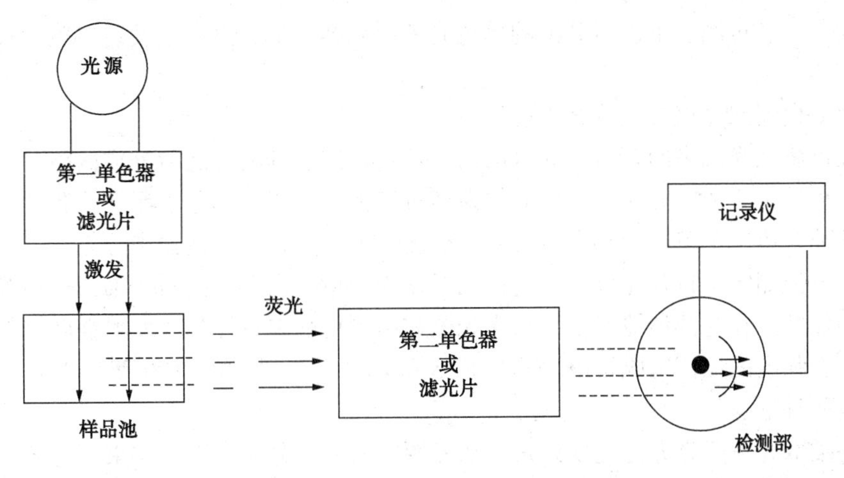

图 5-1　荧光分光光度计的装置简图

③ 发射单色器　置于样品室和检测器之间的为发射单色器或第二单色器，常采用光栅为单色器。筛选出特定的发射光谱。

④ 样品室　样品室一般要比较宽大以容纳各种光径的样品池和附件。通常由石英池(液体样品用)或固体样品架(粉末或片状样品)组成。测量液体时，光源与检测器成直角安排；测量固体时，光源与检测器成锐角安排。

⑤ 检测器　通常使用光检测器，如光电池，光电管或光电倍增管。可将光信号放大并转为电信号。

5.3　荧光分光光度计的分类

5.3.1　滤光片式荧光计

(1) 单光束滤光片荧光计

单光束滤光片荧光计的工作原理是第一滤光片允许紫外线(激发光)通过，第二滤光片可以透射荧光辐射，但它吸收了任何能向光电池散射的光，对于这类仪器来讲，光电管及灯的稳定性要求比较高，否则会引起较大测量误差。

(2) 双光束滤光片荧光计

贝克曼比例荧光计属于此种类型仪器，它是采用一种特殊设计的汞蒸气灯，具有斩光器作用，使样品和标准各接收 60Hz 的相同辐射脉冲并为短的暗间隔所分开，从而保持一个恒定的参比水平。这类仪器消除了由于线路电压波动所引起的变化，具有较高的稳定性。

5.3.2　荧光分光光度计

(1) 单光束荧光分光光度计

在荧光光谱定量分析中，滤光片式荧光计由于有较高的辐射照到样品上而具有较高的灵敏度，但因它易引起光谱干扰而逐渐被荧光分光光度计所取代。单光束荧光分光光度计作为紫外可见分光光度计的一个附件仪器，从光源到探测器只有一束测量光。在测量时，参比和样品交替进行，因而较易引起测量误差。

(2) 双单色器单光束荧光分光光度计

这类荧光分光光度计是 90°角照射样品，结合两个光栅单色器的单光束仪器。它是由氙灯发出激发光，经过激发单色器分出的单色光照射到样品上，然后使发射单色器接收荧光到检测器。

（3）双单色器双光束荧光分光光度计

这类仪器将从光源来的辐射在穿过第一个单色器照射到液池之前分成两路，这可用斩波器或光束分离器来完成。分光后一部分辐射通过液池及第二个单色器照在检测器上，而另一束辐射从液池及第二单色器的侧旁经过照在检测器上。如果以斩波器来分光，则可使用一个单独检测器轮流测定来自两光束的辐射；如果使用光束分离器，则需要第二个检测器来测量参比光束的强度。在这两种情况下，荧光光谱都由测得的来自样品的发射强度与作为波长函数的参比光束强度的比值组成。PE 公司 LS-5 型及日立公司 FRS-100 型荧光分光光度计分别属于上述两种情况。

还有一类双光束荧光分光光度计是将从光源辐射的光分为两束，一束通过液池而另一束用作参比。第二束往往要通过一个参比溶液或在测定前作强度衰减，在许多仪器中采用了零点测定法，即利用衰减器将参比光束在检测器上的响应值调节到与样品的发射在检测器上的响应值相同，然后读得衰减器上此时所调定的值，可利用同一检测器交替测量这两光束，或以不同的检测器同时测定。第三类双光束荧光分光光度计是以美国 Turner 公司生产的 210 型荧光分光光度计为代表。它具有激发光光源和参比灯的两道光束，交替地照射于测量辐射器上，参比灯在固定波长的强度是可变的，由光平衡系统调节参比灯的能量使其与激发光的能量相同，从参比灯发出的另外一束光通过衰减器到达光电倍增管检测器。衰减器是由一个与发射单色器联结的传动轮所驱动，这使得光电倍增管的光谱感应与发射单色器的光谱特性的组合得到补偿，因此交替照射于光电倍增管上的是一束经过校正的能量恒定的光束和一束由试样发射的荧光，在整个扫描的波长范围内记录两道光束在每一波长的比率所得到的曲线就是绝对荧光光谱。

（4）激发和发射均为双单色器的荧光仪

PEX 公司的 Fluorolog-2 系列仪器的激发和发射均为双单色器，这种仪器减少了杂散光的干扰，对于生物样品等光散射比较强的样品测定十分有利。这类仪器灵敏度非常高，稳定性十分好。

5.4 荧光分光光度计的功能特点

5.4.1 荧光发射光谱

选择某一固定波长的光激发样品，使激发光的波长保持不变，而让荧光物质所发出的荧光通过发射单色器照射于检测器上，记录样品中产生的荧光发射强度与发射波长间的函数关系，即得荧光发射光谱。

5.4.2 荧光激发光谱

让不同波长的激发光激发荧光物质使之发生荧光，而让荧光以固定的发射波长照射到检测器上，选定某一荧光发射波长记录荧光发射强度作为激发光波长的函数，即得荧光激发光谱。

5.4.3 时间分辨技术

可用于对混合物中光谱重叠但有寿命差异的组分进行分辨并分别测量。

时间分辨荧光测定公式如下：

$$P(t) = P_0 \exp(-t/\tau)$$

式中 $P(t)$——拟合指数函数；

P_0——强度取值；

exp——指数运算符；

t——时间取值；

τ——荧光平均时间寿命。

5.5 荧光分光光度计的应用

5.5.1 无机分析

荧光分析法由于灵敏度高、动态线性范围宽等优点，在一些领域中应用广泛。在无机元素分析中，主要是通过待测元素与有机试剂(或荧光试剂)生成配合物或发生荧光猝灭效应来测定元素的含量。目前可以通过荧光分析测定70多种金属离子和阴离子，如Ag、Au、Be、Bi、Ca、Cu等。

5.5.2 有机物分析

近年来有机物荧光分析研究在我国发展迅速，主要应用于中西药和临床、食品营养和添加剂等试样。激光诱导荧光法诊断恶性肿瘤，显微荧光法研究药物与细胞的相互作用，DNA编序及含量的荧光法测定均是目前受到关注的热点问题。

5.5.3 荧光分析技术研究

近年来，荧光分析技术在我国有了长足的发展。激光诱导和时间分辨荧光法可以提高分析灵敏度。尤其是随着闭路电视和计算机技术发展起来的三维荧光光谱，可以同时利用不同发光物质间荧光波长和荧光寿命的差别，增加分析方法的信息量，解决了先前一般荧光分析技术只能测试样品成分必须单一的问题。

2 第2篇 电化学分析法

根据被测物质溶液所呈现的电化学性质及其变化而建立起的分析方法，统称为电化学分析法。常见的电化学分析法可进一步分为电导分析法、电位分析法、电解分析法、库仑分析法、极谱分析法和伏安分析法等。

电导分析法是利用测量电导或电导的变化进行分析的电化学分析法。

电位分析法是利用电极电位与浓度的关系测定物质含量的电化学分析方法。电位分析法根据测量方式可分为直接电位法和电位滴定法。

电解分析法建立在电解基础上通过称量沉积于电极表面的沉积物质量，以测定溶液中被测离子含量的电化学分析法，又称电重量分析法。电解分析法可分为恒电流电解分析法和控制阴极电位电解分析法。恒电流电解分析法是通过调节外加电压使电解电流在电解过程中保持恒定。电解过程中产生电流的大小依赖于电极反应的速度，随着电解时间延长，溶液中电活性物质浓度降低，传输到电极表面的速度减慢，使通过电解池的电流减小。为了使电流保持一定的大小，不断增大外加电压。当外加电压达到第二个电活性物质的析出电位时，则第二个电活性物质也开始在电极上析出，造成相互干扰。此法的优点是电解时间短，缺点是选择性差，只能使析出电位在氢以上的金属得到定量分离，该方法适用于溶液中只有一种较氢更易还原析出的金属离子的测定。控制阴极电位电解分析法在电解过程中将阴极电位控制在一预定值，使得只有一种离子在此电位下还原析出。

库仑分析法是建立在电解过程基础上的电化学分析法。在电解过程中，电极上起反应的物质的量与通过电解池的电量成正比，每96486.7C电量通过电解池，1g当量的物质在电极上起反应，这就是法拉第电解定律。在合适的条件下测量通过电解池的电量，就可以算出在电极上起反应的物质的量，利用这一原理建立的分析方法即库仑分析法。库仑分析法的电解过程有两类，分别是控制电位的电解过程和控制电流的电解过程。因此库仑分析法可分为控制电位库仑分析法和恒电流库仑滴定法，后者简称库仑滴定法。库仑分析法要求工作电极上没有其他电极反应发生，电流效率必须达到100%。此法是目前最准确的常量分析法。控制电位库仑分析法可用于准确测定有机化合物在电极上还原或氧化时电极过程的电子转移数。

伏安分析法是根据被测物质在电解过程中的电流-电压变化曲线来进行定性或定量分析的一种电化学分析方法。是在极谱分析法的基础上发展而来的，极谱分析法以液态电极为工作电极，如滴汞电极，而它则以固态电极为工作电极。所使用的极化电极一般面积较小，易被极化，且具有惰性，常用的有金属材料制成的金电极、银电极、悬汞电极等，也有碳材料制成的玻璃碳电极、热解石墨电极、碳糊电极、碳纤维电极等。近年来，在固体电极上连接具有特殊功能团的化学修饰。

电化学分析法的特点是灵敏度高，适合于痕量或超痕量组分的分析测定。同时不仅仅针对定性和定量，同时对化学平衡或电极反应的解析也是非常有益的。另外，分析速度快，便于现场检测。

第6章　电导分析法

在电分析方法中除了已经介绍过的电位法、电解和库仑法、伏安和极谱法外，电导分析法的灵敏度极高，方法又简单，常作为检测水的纯度的理想方法。电解质溶液能导电，而且当溶液中离子浓度发生变化时，其电导也随之而改变。用电导来指示溶液中离子的浓度就形成了电导分析法。电导分析法可以分成两种，电导法和电导滴定法。

6.1　电导的基本原理及其测量方法

当两个铂电极插入电解质溶液中，并在两电极上加一定的电压，此时就有电流流过回路。电流是电荷的移动，在金属导体中仅仅是电子的移动，在电解质溶液中由正离子和负离子向相反方向的迁移来共同形成电流。

电解质溶液的导电能力用电导 G 来表示，即

$$G=1/R \tag{6-1}$$

电导是电阻 R 的倒数，其单位为西门子(S)。

对于一个均匀的导体来说，它的电阻或电导是与其长度和截面积有关的。为了便于比较各种导电体及其导电能力，类似于电阻率，提出了电导率的概念，即

$$G=\kappa \frac{A}{L} \tag{6-2}$$

式中　κ——电导率，S/m；

L——导体的长度，m；

A——截面积，m^2。

电导率和电阻率是互为倒数的关系。

电解质溶液导电是通过离子进行的，故电导率与电解质溶液的浓度及其性质有关。电解质解离后形成的离子浓度(即单位体积内离子的数目)越大，电导率就越大。离子的迁移速率越快，电导率也就越大。离子的价数(即离子所带的电荷数目)越高，电导率越大。

为了比较各种电解质导电的能力，提出摩尔电导率的概念。摩尔电导率 Λ_m($S \cdot cm^2/mol$)是指含有1mol电解质的溶液，在距离为1cm的两片平板电极间所具有的电导，Λ_m 为

$$\Lambda_m = KV \tag{6-3}$$

式中　V——含有1mol电解质的溶液的体积，cm^3。

若溶液的浓度为 c(mol/L)，则

$$V=1000/c \tag{6-4}$$

当溶液的浓度降低时，电解质溶液的摩尔电导率将增大。这是由于离子移动时常受到周围相反电荷离子的影响，使其速率减慢。无限稀释时，这种影响减到最小，摩尔电导率达到最大的极限值。此值称为无限稀释时的摩尔电导率，以 Λ_0 表示。电解质溶液无限稀释时，摩尔电导率是溶液中所有离子摩尔电导率的总和，即

$$\Lambda_0 = \sum \Lambda_{0+} + \sum \Lambda_{0-} \tag{6-5}$$

式中 Λ_{0+}，Λ_{0-}——无限稀释时正、负离子的摩尔电导率。

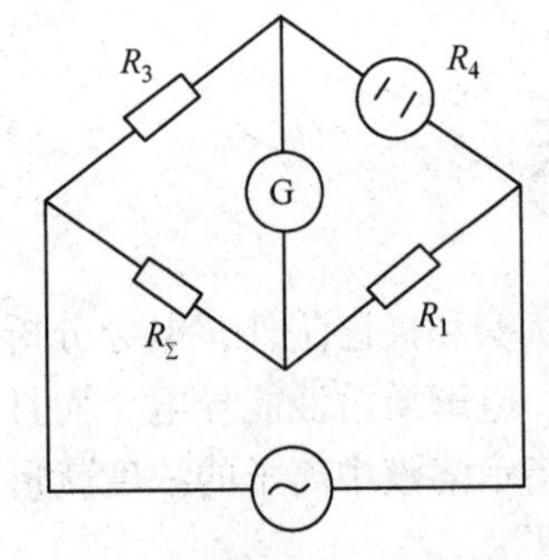

图 6-1 惠斯通平衡电桥

在无限稀释的情况下，离子摩尔电导率是一个定值，与溶液中共存离子无关。

电导是电阻的倒数，因此测量溶液的电导也就是测量它的电阻。经典的测量电阻的方法是采用惠斯通电桥法，其装置见图 6-1。电源是一个电压为 6~10V 的交流电。不使用直流电是因为它通过电解质溶液时，会产生电解作用，引起组分浓度的变化。交流电的频率一般为 50Hz，电导较高时，为了防止极化现象，宜采用 1000~2500Hz 的高频电源。交流电正半周和负半周造成的影响能互相抵消。

测量溶液电导常是将一对表面积为 $A(\mathrm{cm}^2)$、相距为 $L(\mathrm{cm})$ 的电极插入溶液中进行：

$$G=\kappa\frac{A}{L}=\kappa\frac{1}{L/A} \tag{6-6}$$

对一定的电极来说，L/A 是一常数，用 θ 表示，称为电导池常数，单位是 cm^{-1}，即

$$\theta=L/A \tag{6-7}$$

电导池常数直接测量比较困难，常用标准 KCl 溶液来测定。用于测定电导池常数的 KCl 溶液的电导率见表 6-1。有时需要使用铂黑电极，它可以有效增加比表面积，减少极化。它的缺点是对杂质的吸附加强了。

表 6-1 KCl 溶液浓度和电导率

近似浓度 $c/(\mathrm{mol/L})$	$\kappa/(\mathrm{S/cm})$				
	15℃	18℃	20℃	25℃	35℃
1	0.09212	0.09780	0.10170	0.11131	0.13110
0.1	0.010455	0.011163	0.11644	0.012852	0.015353
0.01	0.0011414	0.0012200	0.0012737	0.0014083	0.0016876
0.001	0.001185	0.0001267	0.0001322	0.0001466	0.0001765

6.2 电导分析法的应用

6.2.1 水质纯度的鉴定

由于纯水中的主要杂质是一些可溶性的无机盐类，它们在水中以离子状态存在，所以通过测定水的电导率可以评价水质的好坏。它常应用于实验室和环境中水的监测。

6.2.2 工业生产流程中的自动控制分析

在合成氨的生产中，为防止引起催化剂的中毒，必须监控 CO 和 CO_2 的含量。测定时采用 NaOH 溶液作电导液，将含有 CO（先通过装有 I_2O_5 的氧化管炉，将 CO 氧化为 CO_2）及 CO_2 的气体通入电导池。由于 $CO_2+2NaOH \longrightarrow NaCO_3+H_2O$ 反应生成的 CO_3^{2-} 的电导比 OH^- 小的多，其变化值与 CO、CO_2 含量有关，可进行测定。

6.2.3 电导滴定

作为滴定分析的终点指示方法，电导应用于一些体系的滴定过程中。在这些体系中，滴定剂与溶液中被测离子生成水、沉淀或难离解的化合物。溶液的电导在终点前后发生变化，化学计量点时滴定曲线出现转折点，可指示滴定终点。

第 7 章　电位分析法

在电位分析中，常用两电极(指示电极和参比电极)系统进行测量。参比电极是用于测定研究电极(相对于参比电极)的电极电势。常用的有 Ag/AgCl 电极和饱和甘汞电极。指示电极是指在电化学测量过程中，用于测量待测试液中某种离子活度(浓度)的电极。作为指示电极有固体膜电极、离子选择电极和玻璃膜电极等。

7.1　电位分析的基本原理

电位分析法的基本原理是根据能斯特方程(Nernst)，电极电位与溶液中待测离子的活度之间具有确定的关系。因此，在一定条件下，通过测量指示电极的电极电位就可以测定离子的含量。利用电位分析法进行测定时，可以直接根据溶液中指示电极的电位确定待测物质的含量，称为直接电位法。也可以根据滴定过程中指示电极电位的变化确定滴定终点，然后算出待测物质的含量，称为电位滴定法。电极的绝对电位是无法测量的，电极电位的测量需要构成一个化学电池。在电位分析中，是将指示电极和参比电极同时插入被测物质溶液组成化学电池，此时，电池的电动势为

$$E = \varphi_{指} - \varphi_{参} + \varphi_{液接} \tag{7-1}$$

式中，$\varphi_{指}$、$\varphi_{参}$和$\varphi_{液接}$分别代表指示电极的电极电位、参比电极的电极电位和液接电位。对于给定的体系，参比电极的电极电位和液接电位为常数，以 K 表示，则

$$E = \varphi_{指} + K \tag{7-2}$$

指示电极的电位与被测物质的活度之间服从能斯特方程

$$\varphi_{指} = \varphi^{0} + \frac{RT}{nF}\ln\frac{a_{o}}{a_{R}} \tag{7-3}$$

25℃时

$$\varphi_{指} = \varphi^{0} + \frac{0.059}{n}\lg\frac{a_{o}}{a_{R}} \tag{7-4}$$

将式(7-4)代入式(7-2)合并常数后得到

$$E = K' + \frac{0.059}{n}\lg\frac{a_{o}}{a_{R}} \tag{7-5}$$

式(7-5)中，电池电动势是被测离子活度的函数，电动势的高低反映了溶液中被测离子活度的大小，这是电位分析法的理论依据。

对特定离子具有选择性响应的电极称为离子选择性电极。根据国际纯粹与应用化学联合会(IUPAC)的定义，离子选择性电极是一类电化学传感器，其电极电位与溶液中对应离子活度的对数呈线性关系；离子选择性电极也是一种指示电极，它所显示的电极电位与对应离子活度的关系符合 Nernst 方程。离子选择性电极与由氧化还原反应而产生电位的金属电极有本质的差异，是电位分析中应用最广的指示电极。

7.2 电极电位

① 金属/金属离子电池　当银线浸入到 Ag^+溶液中时，半电池可表示为 $Ag|Ag^+||$，此处(|)表示不同的接触相，(||)表示通过盐桥等与其他电池相连。该电极电位可表示为

25℃时，
$$\Phi = \Phi^0 + \frac{RT}{F}\ln\frac{a_{Ag^+}}{[Ag]} = \Phi^0 + 0.0591\log a_{Ag^+} \tag{7-6}$$

式中，Φ^0是标准状态下($a_{Ag^+}=1$)时的电极电位。

② 氧化还原电池　将铂丝浸入 Fe^{2+}和 Fe^{3+}的混合溶液，铂丝不参与氧化还原反应的半电池，可表示为 $Pt|Fe^{2+}, Fe^{3+}||$，其电极电位可表示为

$$\Phi = \Phi^0_{Fe^{2+},\ Fe^{3+}} + \frac{RT}{F}\ln\frac{a_{Fe^{2+}}}{a_{Fe^{3+}}} \tag{7-7}$$

③ 气体-离子电极　在电化学中，通常作为基准的半电池即为氢离子电极，该电极是氢气为1atm，氢离子活度为1时，将铂浸入该溶液时的电极电位，该电极电位人为地设定为零，它是最基本的参比电极，其他电极电位均是与该电极作为参比而得到的。

$$H^+ + e \rightleftharpoons 1/2H_2 \quad (\Phi^0=0)$$

$$\Phi = \Phi^0 + \frac{RT}{F}\ln\frac{a_{H^+}}{(P_{H_2})^{1/2}} \tag{7-8}$$

④ 参比电极：

a. 饱和甘汞电极　将甘汞(Hg_2Cl_2)和水银浸泡在氯化钾的饱和溶液中，电极可表示为 $Hg|Hg_2Cl_2$，KCl(饱和)||，其电极反应和电极电位为

$$Hg_2Cl_2 + 2e \rightleftharpoons 2Hg + 2Cl^-$$

25℃时，
$$\Phi = \Phi^0 - \frac{RT}{2F}\ln\frac{[Hg](a_{Cl^-})^2}{[Hg_2Cl_2]} = \Phi^0 - \frac{0.0591}{2}\log\frac{[Hg](a_{Cl^-})^2}{[Hg_2Cl_2]} \tag{7-9}$$

在标准状态下，$[Hg]=1$，$[Hg_2Cl_2]=1$，$\Phi=\Phi^0 - 0.0591\log a_{Cl^-}$。

饱和氯化钾溶液的氯离子浓度为已知，可求得 $E=+0.246V$，从上式可知，该电极电位依存于氯离子的浓度，随氯离子浓度的变化而变化。

b. 银-氯化银电极　将氯化银涂敷于银丝的表面，即构成银-氯化银电极，通常将银-氯化银电极浸泡于饱和氯化钾(3.5M)的溶液中，由于该电极不使用水银，所以现在比较通用。其电极反应和电极电位表示为

$$AgCl + e \rightleftharpoons Ag + Cl^-$$

$$\Phi = \Phi^0 - 0.0591\log a_{Cl^-} \tag{7-10}$$

该电极与甘汞电极类似，其电极电位也依存于氯离子浓度。

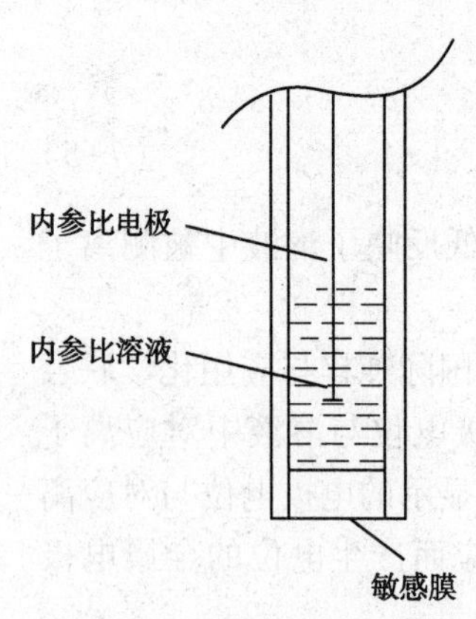

图 7-1　离子选择电极结构

⑤ 离子选择性电极　虽然离子选择性电极的种类很多，但基本结构相同。一般都由对特定离子具有选择性响应的敏感膜、内参比电极及对应的内参比溶液等组成(图 7-1)，其中敏感膜是其关键部分。敏感膜的作用，其一是将内参比溶液与外侧的待测离子溶液分开；二是对特定离子产生选择性响应，形成膜电位。

离子选择性电极的电位为内参比电极的电位 $\Phi_{内参}$与膜电位 Φ_m之和，即 $\Phi_{ISE}=\Phi_{内参}+\Phi_m$。不同类型的离子选择性电极，其响应机理虽然各有其特点，但其膜电位产生的基本原理是相似的。当敏感膜两侧分别与两个浓度不同的电解质溶液接触时，在膜与溶液两相间的界面上，由于离子的选择性和强制性的扩散，破坏了界面附近电荷分布的均匀性，而形成双电层结构，在膜的两侧形成两个相界电位 $\Phi_{内}$和 $\Phi_{外}$。同时，在膜相内部与内外两个膜表面的界面上，由于离子的自由(非选择性和强制性)扩散而产生扩散电位，其大小相等，方向相反，互相抵消。因此，横跨敏感膜两侧产生的电位差(膜电位)为敏感膜外侧和内侧表面与溶液相的两个相界电位之差，即 $\Phi_m=\Phi_{外}-\Phi_{内}$。

当敏感膜对阳离子 M^{n+}有选择性响应，将电极浸入含有该离子的溶液中时，在敏感膜的内外两侧的界面上均产生相界电位，并符合 Nernst 方程：

$$\Phi_{内}=k_1+\frac{RT}{nF}\ln\frac{a(M)_{内}}{a'(M)_{内}} \tag{7-11}$$

$$\Phi_{外}=k_2+\frac{RT}{nF}\ln\frac{a(M)_{外}}{a'(M)_{外}} \tag{7-12}$$

式中　k_1、k_2——与膜表面有关的常数；

$a(M)$——液相中 M^{n+}离子活度；

$a'(M)$——膜相中 M^{n+}离子活度。

通常，敏感膜的内外表面性质可看作是相同的，故 $k_1=k_2$，$a'(M)_{外}=a'(M)_{内}$。

$$\Phi_{膜}=\Phi_{外}-\Phi_{内}=\frac{RT}{nF}\ln\frac{a(M)_{外}}{a'(M)_{内}} \tag{7-13}$$

当 $a(M)_{外}=a(M)_{内}$时，$\Phi_m=0$，而实际上敏感膜两侧仍有一定的电位差，称为不对称电位，它是由于膜内外两个表面状况不完全相同而引起的。对于一定的电极，不对称电位为一常数。由于膜内溶液中 M^{n+}离子的活度为常数。故

$$\Phi_{膜}=常量+\frac{RT}{nF}\ln a(M)_{外} \tag{7-14}$$

因此，阳离子选择性电极的电位为

$$\Phi_{ISE}=\Phi_{内参}-\Phi_m=k+\frac{RT}{nF}\ln a(M) \tag{7-15}$$

式中，k——常数项，包括内参比电极电位和膜内相界电位及不对称电位。

如果离子选择性电极对阴离子 R^{n-}有响应的敏感膜，膜电位应为

$$\Phi_{外}=\frac{RT}{nF}\ln\frac{a(R)_{外}}{a'(R)_{内}}-常量=\frac{RT}{nF}\ln a(R)_{外} \tag{7-16}$$

阴离子选择性电极的电位为

$$\Phi_{ISE}=k-\frac{RT}{nF}\ln a(R) \tag{7-17}$$

离子选择电极分为原电极和敏化电极，原电极中包括晶体膜电极和非晶体膜电极，敏化电极包括气敏电极和酶电极。

7.3 电位分析法仪器

电位分析法的测定系统包括指示电极、参比电极、试样容器、搅拌装置及测量电动势的仪器。电动势的测量可以使用精密毫伏计。对测试仪器的要求是要有足够高的输入阻抗和必要的测量精度与稳定性。

7.4 电位分析的测定方法

① 直接分析法　将离子选择性电极和参比电极浸入待测溶液中进行电位测量，从预先做成的标准曲线上求得待测离子浓度的方法。另外，向样品溶液中添加一定量的标准溶液，通过测量添加前后的电位差的变化，也可求得待测离子浓度，该法被称为标准加入法。

② 电位滴定法　将合适的指示电极和参比电极放入待滴定溶液中，随着滴定剂的不断加入，测定溶液的电位差，以滴定剂加入量为横坐标，电位为纵坐标，可绘制出滴定曲线，通过滴定曲线可求得滴定终点，从而确定滴定液中的待测成分的浓度。该方法被广泛应用于酸碱滴定、氧化还原滴定、沉淀滴定和络合滴定，特别是在找不到合适的指示剂时尤为适用。

7.5 电位分析法的应用

电位分析法是目前较为常用的仪器分析方法，由于其制作的传感器体积小，电位测量仪器设备价廉且体积小，所以作为在线分析方法是研究的热点。电位分析目前普遍应用于食品、环境、冶金和金属材料的分析中。除此之外，还可用作测定一些物理化学常数。如电化学电池热力学常数的测定，标准电位和平均离子活度系数的测定，迁移数的测定，若酸和弱碱解离常数的测定，金属络合物稳定常数的测定和难溶性盐溶度积的测定等。

7.5.1 电位分析在环境中的应用

氟离子选择电极法是测定微量氟的简便方法，在环境监测中测定大气、水质、土壤及植物中的氟化物含量，已经成为常规的分析方法，美国已将此方法定为分析水质和污水中氟含量的标准方法。氟离子电极能在氟离子浓度六个数量级范围内给予 Nernst 线性响应关系，并能在许多离子存在下对氟具有高度的选择性，既能用于直接电位法测定，也能作为电位滴定中终点的指示电极。在所有离子选择电极中，氟离子电极在各领域中的应用最为成熟。

水体中金属铅离子的污染也是环境监测的项目，对天然水和工业废水铅离子采用铅离子选择电极测定其中铅的含量，浓度响应范围为 $10^{-2} \sim 10^{-7}$ mol/L，在低浓度时获得稳定电位值的 pH 约为 5 时，因铅离子电极受离子强度和共存离子的响应，因此对试样的测定宜采用标准添加法较为准确、方便。实际测定中，可采用碘化钾-抗坏血酸-醋酸和醋酸铵缓冲溶液体系消除干扰。

7.5.2 电位分析在金属材料中的应用

许金精等采用氟离子选择电极建立了一种对电解金属锰槽液中氟含量进行测定的方法。该方法通过加入柠檬酸三钠、用硝酸钾作为总离子强度调节剂，采用已知添加量法，由添加前后的电极电位的变化值，计算出待测试样的浓度值，从而可快速准确地测定电解槽液中氟的含量。利用氟离子选择电极法测定出电解金属锰槽液中氟含量为0.20~50.00mg/L，加标回收率可达到100%。

7.5.3 电位分析在高分子材料中的应用

由于高聚物有些是深色的，且不溶于水，难于找到合适的指示剂，不易判断滴定终点，不能用一般容量分析法，崔友芬采用电位滴定法测定了芳族聚醋多元醇的酸值，利用pH玻璃电极为指示电极，甘汞电极为参比电极进行电位滴定，获得了满意的测定结果。

第 8 章　电解与库仑分析法

电解分析是以称量沉积于电极表面的沉积物的质量为基础的一种电分析方法。它是一种较古老的方法，又称电重量法，它有时也作为一种分离的手段，能方便地除去某些杂质。

库仑分析是以测量电解过程中被测物质直接或间接在电极上发生电化学反应所消耗的电量为基础的分析方法。它和电解分析不同，其被测物不一定在电极上沉积，但要求电流效率必须为 100%。

8.1　电解分析的基本原理

电解是借外电源的作用，使电化学反应向着非自发的方向进行。电解过程是在电解池的两个电极上加上直流电压，改变电极电位，使电解质在电极上发生氧化还原反应，同时电解池中有电流通过。

如在 0.1mol/L 的 H_2SO_4介质中，电解 0.1mol/L$CuSO_4$溶液，装置如图 8-1 所示。其电极都用铂制成，溶液进行搅拌；阴极采用网状结构，优点是表面积较大。电解池的内阻约为 0.5Ω。

将两个铂电极浸入溶液中，当接上外电源，外加电压远离分解电压时，只有微小的残余电流通过电解池。当外加电压增加到接近分解电压时，只有极少量的 Cu 和 O_2分别在阴极和阳极上析出，但这时已构成 Cu 电极和 O_2电极组成的自发电池。该电池产生的电动势将阻止电解过程的进行，称为反电动势。只有外加电压达到克服此反电动势时，电解才能继续进行，电流才能显著上升。通常将两电极上产生迅速的、连续不断的电极反应所需的最小外加电压 U_d称为分解电压。理论上分解电压的值就是反电动势的值(图 8-2)。

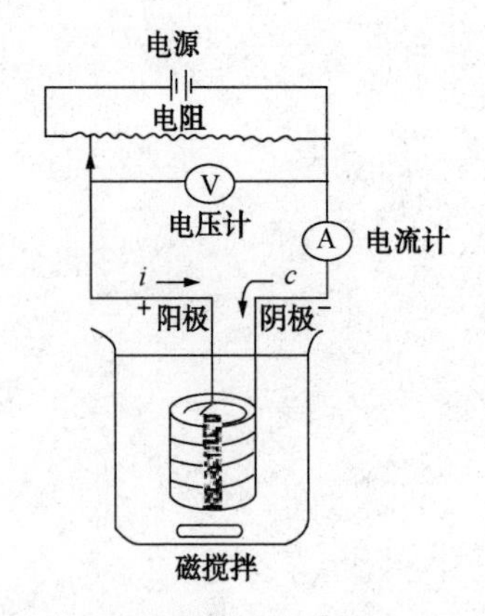

图 8-1　电解装置

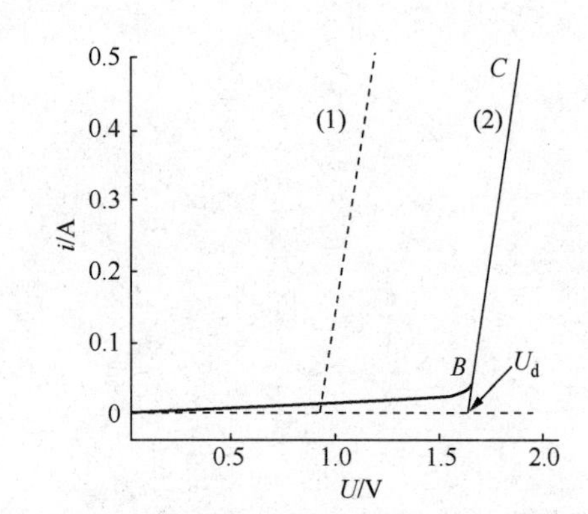

图 8-2　电解铜溶液时的电流-电压曲线

(1)—计算所得曲线；(2)—实际测得曲线

Cu 和 O_2电极的平衡电位分别为

Cu 电极：　$Cu^{2+}+2e \longrightarrow Cu$　　$\varphi^0=0.337V$

$$\varphi=\varphi^0+\frac{0.059}{2}\lg[Cu^{2+}]=0.337+\frac{0.059}{2}\lg[0.1]=0.308V$$

O_2电极：$$\frac{1}{2}O_2+2H^++2e \xlongequal{} H_2O \qquad \varphi^0=1.23V$$

$$\varphi=\varphi^0+\frac{0.059}{2}\lg[p(O_2)]^{1/2}[H^+]^2=1.23+\frac{0.059}{2}\lg[1]^{1/2}[0.2]^2=1.189V$$

当 Cu 和 O_2构成电池时

$$Pt \mid O_2(101325Pa),\ H^+(0.2mol/L),\ Cu^{2+}(0.1mol/L) \mid Cu$$

Cu 为阴极，O_2为阳极，电池的电动势为

$$E=\varphi_c-\varphi_a=0.308-1.189=-0.881V$$

电解时，理论分解电压的值是它的反电动势 0.881V。

从图 8-2 可知，实际所需的分解电压比理论分解电压大，超出的部分是由于电极极化作用引起的。极化结果将使阴极电位更负，阳极电位更正。电解池回路的电压降 iR 也应是电解所加的电压的一部分，这时电解池的实际分解电压为

$$U_d=(\varphi_a+\eta_a)-(\varphi_c+\eta_c)+iR \tag{8-1}$$

若电解时，铂电极面积为 $100cm^2$，电流为 0.10A，则电流密度为 $0.001A/cm^2$时，O_2在铂电极上的超电位为+0.72V，Cu 的超电位在加强搅拌的情况下可以忽略。

$$iR=0.10\times0.50=0.050V \qquad U_d=0.88+0.72+0.05=1.65V$$

8.2 电解分析的方法

8.2.1 控制电位电解分析

当试样中存在两种以上的金属离子时，随着外加电压的增大，第二种离子可能被还原。为了分别测定或分离，就需要采用控制阴极电位的电解法。如以铂为电极，电解液为 0.1mol/L 的硫酸溶液，含有 0.1mol/L Ag^+和 1.0mol/L Cu^{2+}。

Cu 开始析出的电位为

$$\varphi=\varphi^0(Cu^{2+},\ Cu)+\frac{0.059}{2}\lg[Cu^{2+}]=0.337+\frac{0.059}{2}\lg[1.0]=0.337V$$

Ag 开始析出的电位为

$$\varphi=\varphi^0(Ag^+,\ Ag)+0.059\lg[Ag^+]=0.799+0.059\lg[0.01]=0.681V$$

由于 Ag 的析出电位较 Cu 的析出电位正，所以 Ag^+先在阴极上析出，当其浓度降至 10^{-6}mol/L时，一般可以认为 Ag^+已电解完全。此时 Ag 的电极电位为

$$\varphi=0.799+0.059\lg[10^{-6}]=0.445V$$

阳极发生的是水的氧化反应，析出氧气，$\varphi_a=1.189+0.72=1.909V$

而电解电池的外加电压值为 $U=\varphi_a-\varphi_c=1.909-0.681=1.228V$

即 1.464V 时，Ag 电解完全，而 Cu 开始析出的电压值为

$$U=\varphi_a-\varphi_c=1.909-0.337=1.572V$$

故 1.464V 时，Cu 还没有开始析出。

在实际电解过程中，阴极电位不断发生变化，阳极电位也并不是完全恒定的。由于离子浓度随着电解的延续而逐渐下降，电池的电流也逐渐减小，应用控制外加电压的方式往往达不到好的分离效果。较好的方法是控制阴极电位。

要实现对阴极电位的控制，需要在电解池中插入一个参比电极，例如甘汞电极等，它通过运算放大器的输出很好地控制阴极电位和参比电极电位差为恒定值。

电解测定 Cu 时，Cu^{2+}浓度从 1.0mol/L 降到 10^{-6}mol/L 时，阴极电位从+0.337V(对标准氢电极，VS.SHE)降到+0.16V。只要不在该范围内析出的金属离子都能与 Cu^{2+}分离。还原电位比+0.337V 更正的离子可以通过电解分离，比+0.16V 更负的离子可以留在溶液中。控制阴极电位电解，开始时被测物质析出速度较快，随着电解的进行，浓度越来越小，电极反应的速率也逐渐变慢，因此电流也越来越小。当电流趋于零时，电解完成。

8.2.2 恒电流电解法

电解分析有时也在控制电流恒定的情况下进行。这时外加电压较高，电解反应的速率较快，但选择性不如控制电位电解法好。往往一种金属离子还未沉淀完全时，第二种金属离子就在电极上析出。

为了防止干扰，可使用阳极或阴极去极剂(depolarizer)，以维持电位不变。如在 Cu^{2+}和 Pb^{2+}的混合液中，为防止 Pb 在分离沉积 Cu 时沉淀，可以加入 NO_3^-作为阴极去极剂。NO_3^-在阴极上还原生成 NH_4^+，即

$$NO_3^- + 10H^+ + 8e = NH_4^+ + 3H_2O$$

它的电位比 Pb^{2+}更正，而且量比较大，在 Cu^{2+}电解完成前可以防止 Pb^{2+}在阴极上的还原沉积。类似的情况也可以用于阳极，加入的去极剂比干扰物质先在阳极上氧化，可以维持阳极电位不变，它称为阳极去极剂。

8.3 库仑分析基本原理和 Faraday 电解定律

电解分析是采用称量电解后铂阴极的增量来作定量的。如果用电解过程中消耗的电量来定量，这就是库仑分析。库仑分析的基本要求是电极反应必须单纯，用于测定的电极反应必须具有 100%的电流效率。电量全部消耗在被测物质上。

库仑分析的基本依据是 Faraday 电解定律。Faraday 定律表示物质在电解过程中参与电极反应的质量 m 与通过电解池的电量 Q 呈正比，用数学式表示为

$$m = \frac{M}{zF}Q$$

式中 F——1mol 电荷的电量，称为 Faraday 常数(96485C · mol^{-1})；

M——物质的摩尔质量；

z——电极反应中的电子数；

Q——电解消耗的电量，$Q=it$，库仑分析可以分成恒电位库仑分析和恒电流库仑分析两种。

8.3.1 恒电位库仑分析

恒电位库仑分析是指在电解过程中，控制工作电极的电位保持恒定值，使被测物质以 100%的电流效率进行电解。当电流趋于零时，指示该物质已被电解完全。恒电位库仑分析的仪器装置和控制阴极电位电解类似，只是在电路中需要串接一个库仑计，以测量电解过程中消耗的电量。电量也可采用电子积分仪或作图求得。

8.3.2 恒电流库仑分析(库仑滴定)

库仑分析时，若电流维持一个恒定值，可以大大缩短电解时间。对其电量的测量也很方

便，$Q=it$。它的困难是要解决恒电流下具有100%的电流效率和设法能指示终点的到达。如在恒电流下电解 Fe^{3+}，它在阳极氧化 Fe^{2+}——$Fe^{3+}+e$，这时，阴极发生的是还原反应为 $H^{+}+e \longrightarrow \frac{1}{2}H_2$，其电流-电位曲线如图8-3所示。选用 $i_0=i_a=i_c$，需外加电压为 U_0，随着电解的进行，Fe^{2+}的浓度下降，外加电压就要加大。阳极电位就要发生正移，阳极上可能析出 O_2。电解过程的电流效率将达不到100%。如果在电解液中加入浓度较大的 Ce^{3+}作为一个辅助体系。当 Fe^{2+}在阳极的氧化电流降到低于 i_0时，Ce^{3+}氧化到 Ce^{4+}，维持 i_0恒定。溶液中 Ce^{4+}能立即同 Fe^{2+}反应，本身又被还原到 Ce^{3+}，即 $Ce^{3+}+Fe^{2+}$——$Ce^{3+}+Fe^{3+}$。这样就可以把阳极电位稳定在氧析出电位以下，而防止了氧的析出。电解所消耗的电量仍全部用在 Fe^{2+}的氧化上，达到了电流效率的100%。该法类似于 Ce^{4+}滴定 Fe^{2+}的滴定法，其滴定剂由电解产生，所以恒电流库仑法又称为库仑滴定法。

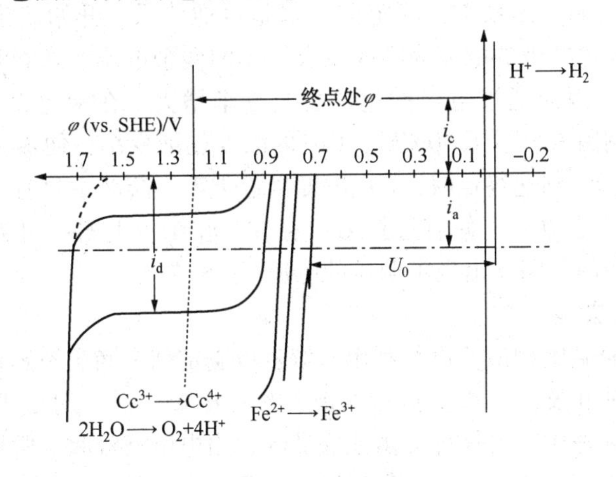

图8-3　以铈(Ⅲ)为辅助体系的库仑滴定铁(Ⅱ)的电流-电位曲线

库仑滴定的终点指示可以采用以下几种方法：

① 化学指示剂法　滴定分析中使用的化学指示剂，只要体系合适仍能在此使用。如用恒电流电解KI溶液产生滴定剂 I_2来测定As(Ⅲ)时，淀粉就是很好的化学指示剂。

② 电位法　库仑滴定中使用电位法指示终点与电位滴定法确定终点的方法相似。选用合适的指示电极来指示终点前后电位的跃变。

③ 双铂极电流指示法　该法又称为永停法，它是在电解池中插入一对铂电极作指示电极，加上一个很小的直流电压，一般为几十毫伏至200mV(图8-4)。如在电解KI产生滴定剂 I_2测定As(Ⅲ)的体系中，滴定终点前出现的是As(Ⅴ)/As(Ⅲ)不可逆电对，终点后是可逆的 I_3^-/I^-电对。从其极化曲线(即电流随外加电压而改变的曲线)图8-5可见，不可逆体系曲线通过横轴是不连续的(电流很小)，需要加更大的电压才能有明显的氧化还原电流。可逆体系在很小电压下就能产生明显的电流。双铂电极上电流曲线如图8-6所示。

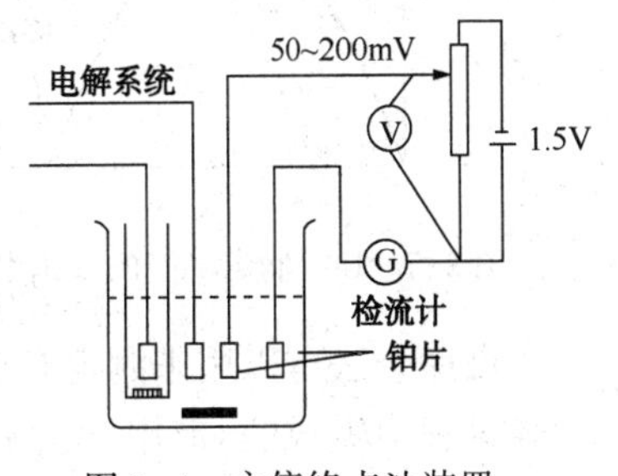

图8-4　永停终点法装置

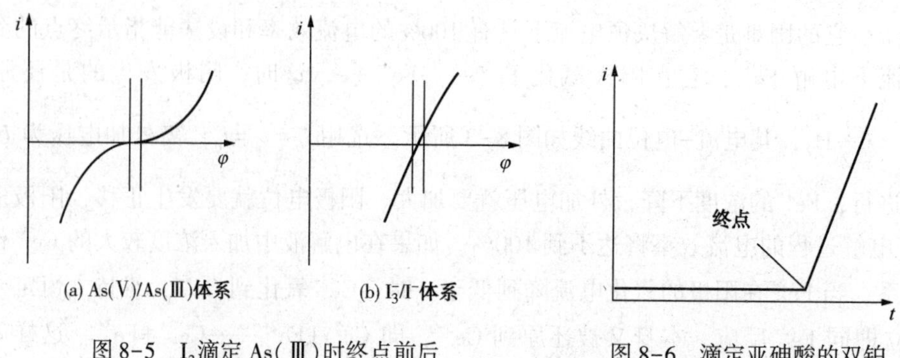

图 8-5　I_2滴定 As(Ⅲ)时终点前后体系的极化曲线

图 8-6　滴定亚砷酸的双铂电极的电流曲线

当然，体系不同也可能出现原来是可逆电对，终点后为不可逆电对，这时图 8-6 就出现相反的情况。Ce^{4+}滴定 Fe^{2+}体系中，滴定前后都是可逆体系。开始滴定时，溶液中只有 Fe^{2+}，没有 Fe^{3+}，所以流过电极的电流为零或只有微小的残余电流。随着滴定的进行，溶液中 Fe^{3+}的浓度逐渐增大，因而通过电极的电流也将逐渐增大。在滴定百分数为 50%之前，Fe^{3+}的浓度是电流的限制因素。过了 50%后，Fe^{2+}的浓度逐渐变小，便成为电流的限制因素了，所以电流又逐渐下降。到达终点时，Fe^{2+}浓度接近于零，溶液中只有 Fe^{3+}和 Ce^{3+}，所以电流又接近于零。过了终点以后，便有过量 Ce^{4+}存在，在阳极上 Ce^{3+}可被氧化，在阴极上 Ce^{4+}可被还原，双铂电极的回路又出现了明显的电流(图 8-7)。

8.3.3　微库仑分析法

微库仑分析法与库仑滴定相似，也是利用电解生成滴定剂来滴定被测物质，其装置见图 8-8。微库仑池中有两对电极，一对是指示电极和参比电极，另一对是工作电极和辅助电极。液体试样可直接加入池中，气体样品由池底通入，由电解液吸收。常用的滴定池依电解液的组成不同，分为银滴定池、碘滴定池和酸滴定池几种。样品进入前，电解液中的微量滴定剂浓度一定，指示电极与参比电极的电位差为定值。当样品进入电解池后，使滴定剂的浓度减小，电位差发生变化，$U_{指} = U_{偏}$，放大器就有电流输出，工作电极开始电解，直至恢复到原来滴定剂浓度，电解自动停止。

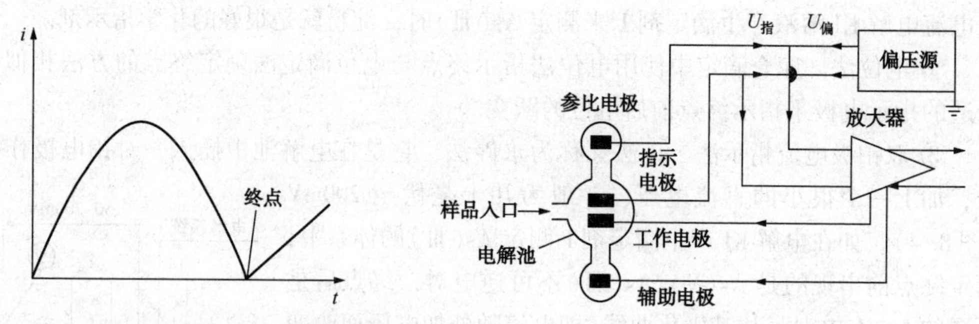

图 8-7　Ce^{4+}滴定 Fe^{2+}的双铂电极电流曲线

图 8-8　微库仑分析原理

微库仑法可以用来测定有机卤素，测定方法是将滴定池直接和燃烧装置相连，在有机物燃烧过程中生成的 Cl^-用 Ag^+自动滴定，可检测 0.1~1000μg 的 Cl^-，方法非常灵敏。电解液为 65%~85%的乙酸，指示电极组为银微电极和参比电极，工作电极为银阳极和螺旋铂阴极。

微库仑分析过程中，电流是变化的，根据它对时间的积分，求出 Q 值，确定被测物质的量。由于分析过程中电流的大小是随被测物质的含量的大小而变化的，所以又称为动态库仑分析。它是一种灵敏度高，适用于微量成分析。

8.4 电解分析的应用

恒电流库仑滴定法是用恒电流电解产生滴定剂以滴定被测物质来进行定量分析的方法。该法的优点是灵敏度高，准确度好，测定的量比经典滴定法低 1~2 个数量级，但可以达到与经典滴定法同样的准确度；它不需要制备标准溶液；不稳定滴定剂可以电解产生；电流和时间能准确测定等。这些使恒电流库仑滴定法得到广泛的应用，下面举几个例子。

8.4.1 卡尔费休法测定水

该法的试剂由吡啶、碘、二氧化硫和甲醇组成。碘氧化二氧化硫时需要定量的水

$$I_2+SO_2+2H_2O=\!=\!=HI+H_2SO_4$$

利用它可以测定无机或有机物中的微量水分。吡啶是为了中和反应生成的酸，使反应向右进行。加入甲醇，以防止副反应的发生。1955 年，Meyer 和 Boyd 成功地用电解产生 I_2 的方法测定了二氨基丙烷中的微量水分。反应所产生的 I^- 又在工作电极上重新氧化为 I_2，直到全部水反应完毕。我国在石油工业中也研制了测定油中水分的库仑分析仪。

8.4.2 水质污染中化学需氧量的测定

化学需氧量(COD)是评价水质污染的重要指标之一。它是指 1L 水中可被氧化的还原性物质(主要是有机物)氧化所需的氧化剂的量。污水中的有机物往往是各种细菌繁殖的良好媒介，化学需氧量的测定是环境监测的一个重要项目。

现已有各种根据库仑滴定法设计的 COD 测定仪，如可用一定量的 $KMnO_4$ 标准溶液与水样加热，以氧化水样中可被氧化的物质。剩余的 $KMnO_4$ 用电解产生的亚铁离子进行恒电流库仑滴定。

$$5Fe^{2+}+MnO_4^-+8H^+=\!=\!=Mn^{2+}+5Fe^{3+}+4H_2O$$

由于亚铁离子与 MnO_4^- 进行定量的反应，因此根据电解产生的亚铁所消耗的电量可以知道溶液中剩余 MnO_4^- 的量。

第 9 章　伏安分析法

9.1　伏安分析法的原理

伏安法和极谱法是一种特殊的电解分析方法。极谱法的工作电极面积较小，分析物的浓度也较小，浓差极化的现象比较明显。这种电极被称为极化电极。电解池由它与参比电极以及辅助电极组成。伏安法是这类分析方法的总称，它可使用面积固定的悬汞、玻璃碳、铂等电极做工作电极，也可使用表面做周期性连续更新的滴汞电极做工作电极。后者是伏安法的特例，被称为极谱法。参比电极常采用面积较大、不易极化的电极。极谱法和伏安法是根据电解过程中的电流-电位曲线进行分析的方法。

9.2　伏安分析法的测量装置

极谱分析的装置见图 9-1。滴汞电极做工作电极，参比电极常采用饱和甘汞电极。通常使用时滴汞电极作负极，饱和甘汞电极为正极。直流电源 *C*，可变电阻 *R* 和滑线电阻 *AB* 构成电位计线路。移动接触键，在 0～-2V 范围内，以 100～200mV/min 的速率连续改变加于两电极间的电位差。*G* 是灵敏检流计，用来测量通过电解池的电流。记录得到的是电流-电压曲线，称为极谱图(图 9-2)。

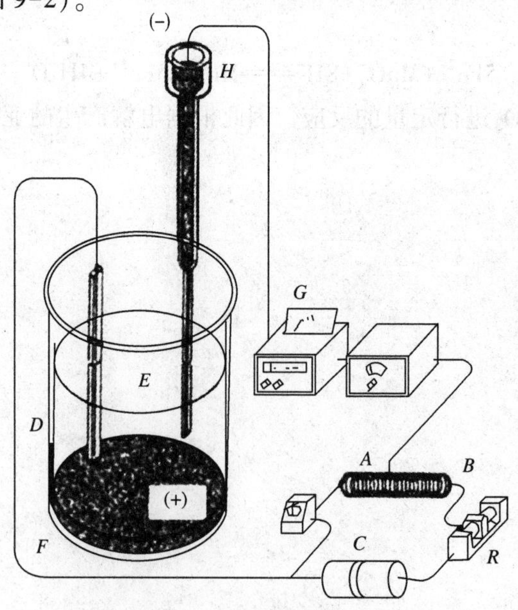

图 9-1　极谱法的基本装置

AB—电位计 *P* 的电阻；*C*—电池；*D*—电解槽；

E—水银电极；*F*—对极；*G*—记录仪；*H*—水银槽；*R*—可变电阻

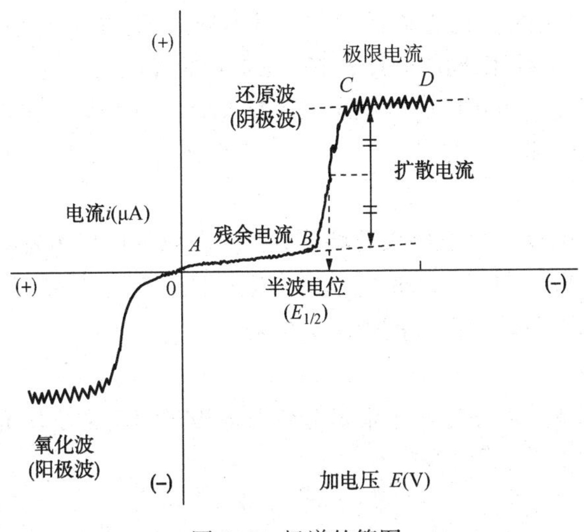

图 9-2　极谱的简图

伏安仪是伏安法的测量装置，目前大多采用三电极系统(图 9-3)，除工作电极 W、参比电极 R 外，尚有一个辅助电极 C(又称对电极)。辅助电极一般为铂丝电极。三电极的作用如下：当回路的电阻较大或电解电流较大时，电解池的 iR 降便相当大，此时工作电极的电位就不能简单地用外加电压来表示了。引入辅助电极，在电解池系统中，外加电压 U_0加到工作电极 W 和对电极 C 之间，则 $U_0=\Phi - \Phi_w+iR$。

伏安图是 i 与 φ_w的关系曲线，i 很容易由 W 和 C 电路中求得，困难是如何准确测定 φ_w，不受 φ_w和 iR 降的影响。为此，在电解池中放置第三个电极，即参比电极，将它与工作电极组成一个电位监测回路。此回路的阻抗甚高，实际上没有明显的电流通过，回路中的电压降可以忽略。监测回路随时显示电解过程中工作电极相对于参比电极的电位 φ_w。

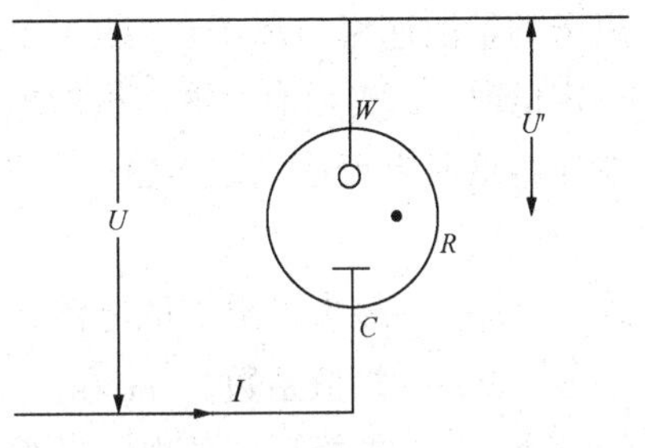

图 9-3　三电极伏安仪电路示意图

在伏安分析中，可以使用多种不同性能和结构的电极作为工作电极。当进行还原测定时，常常使用滴汞电极(DME)和悬汞电极。由于汞本身易被氧化，因此汞电极不宜在正电位范围中使用，固体电极的种类有金电极、铂电极、玻璃碳电极和碳糊电极等。

(1) 汞电极

汞电极具有很高的氢超电位(1.2V)及很好的重现性。最原始的汞电极是滴汞电极，滴汞的增长速度及寿命受地球重力控制，滴汞电极由内径为 0.05~0.08mm 的毛细管、储汞瓶及连接软管组成。每滴汞的滴落速度为 2~5s，其表面周期性地更新可消除电极表面的污染。同时，汞能与很多金属形成汞齐，从而降低了它们的还原电位，其扩散电流也能很快地达到稳定值，并具有很好的重现性。在非水溶液中，用四丁基铵盐作支持电解质，滴汞电极的电位窗口为+0.3~-2.7V(对饱和甘汞电极，VS.SCE)。当电位正于+0.3V 时，汞将被氧化，产生一个阳极波。

与滴汞电极不同，静态汞滴电极(SMDE)是通过一个阀门在毛细管尖端得到一静态汞滴，它只能通过敲击来更换汞滴。悬汞电极是一个广泛应用的静态电极，汞滴是由计算机控制的快速调节阀生成的。在玻璃碳电极、金电极、银电极或铂电极表面镀上一层汞膜就可制成汞膜电极，它可用于浓度低于 10^{-7}mol/L 的样品分析中，但主要用于高灵敏度的溶出分析及作为液相色谱的电流检测器。随着人们对环境认识的不断提高，现在汞电极已经不常用。

(2) 固体电极

固体电极一般有铂电极、金电极或玻璃碳电极。玻璃碳电极可检测电极上发生的氧化反应，特别适用于在线分析，如用于液相色谱中。把铂丝、金丝或玻璃碳密封于绝缘材料中，再把垂直于轴体的尖端平面抛光即可制得圆盘电极。

(3) 旋转圆盘电极

旋转圆盘电极最基本的用途是用于痕量分析及电极过程动力学研究，它还可应用于阳极溶出伏安法及安培滴定中。

9.3 伏安分析法的分析方法

9.3.1 扩散电流及 HKovi 方程

以滴汞电极做工作电极，施加扫描速率较慢，如 200mV/min 的线性变化的电位。溶液中加入支持电解质，其电迁移和 iR 降可忽略不计。测量时溶液静止(不搅拌)，又可消除对流扩散的影响。这时在滴汞电极上所获得电流为扩散电流，典型的极谱图如图 9-2 所示。离子的扩散速率与离子在溶液中的浓度 c 及离子在电极表面的浓度 c^s之差呈正比。当电位到一定值时，c^s实际上为零。扩散电流大小与溶液中离子浓度 c 呈正比，它不随电位的增加而增加。这时电流达到最大值，称为极限扩散电流 i_d。它的大小由 Hkovi 方程表示

$$i_d = 708zD^{1/2}m^{2/3}t^{1/6}c \tag{9-1}$$

式中 i_d——最大极限扩散电流，μA；

D——扩散系数，cm^2/s；

z——电极反应的电子转移数；

m——汞的流速，mg/s；

t——汞滴寿命，s；

c——体溶液物质的量浓度，mmol/L。

最大极限扩散电流是在每滴汞寿命的最后时刻获得的，实际测量得到的是每滴汞上的平均电流，其大小为

$$\bar{i}_d = \frac{1}{t}\int_0^t i_d \mathrm{d}t = 607zD^{1/2}m^{2/3}t^{1/6}c \tag{9-2}$$

上式称为 Hkovi 方程，是极谱定量分析的基本公式。式中，$m^{2/3}t^{1/6}$与毛细管特性有关，称为毛细管常数。由于汞滴流速 m 与汞柱高度呈正比，而滴下的时间与汞柱高呈反比，代入方程，可得 $I_d=kh^{1/2}$，即 I_d与汞柱高 h 的平方根呈正比。I_d与电活性物质的浓度 c 呈正比，这是极谱定量分析的依据。

滴汞电极上的扩散过程有三个特点：汞滴面积不断增长，压向溶液具有对流特性，汞滴不断滴落、更新，再现性好。

在极谱波上，当外加电压尚未达到被测离子的分解电位之前就有微小的电流通过电解

池，它称为残余电流。残余电流一方面是由溶液中微量的杂质(如金属离子)在滴汞上还原产生的，它可以通过试剂的提纯来减小；另一方面是由于滴汞电极与溶液界面上双电层充电产生的，称为充电电流或电容电流。

电容电流的大小为 10^{-7}A 数量级，这相当于浓度为 10^{-5}mol/L 物质所产生的扩散电流的大小。电容电流是残余电流的主要部分，一般仪器上有消除残余电流的补偿装置，也可用作图法进行校正。电容电流限制了普通极谱法的灵敏度，为了解决电容电流的问题，促进了新的极谱技术，如方波极谱、脉冲极谱的产生和发展。

在极谱分析时，当外加电压达到被测物质的分解电位后，极谱电流随外加电压增高而迅速增大到极大值，随后又恢复到扩散电流的正常值。极谱波上出现的这种极大电流的畸峰，称为极谱极大。极大的产生是由于毛细管末端对滴汞颈部有屏蔽效应，使被测离子不易接近滴汞颈部，而在滴汞下部被测离子可以无阻碍地接近。离子还原时汞滴下部的电流密度较上部为大。这种电荷分布的不均匀会造成滴汞表面张力的不均匀，表面张力小的部分要向表面张力大的部分运动。这种切向运动会搅动溶液，加速被测离子的扩散和还原，形成极大电流。由于被测离子的迅速消耗，电极表面附近的浓度已趋于零，达到完全浓差极化，电流又立即下降到扩散电流。消除极大的方法是在溶液中加入很小量的表面活性物质，如动物胶、TritonX-100、甲基红，称为极大抑制剂。滴汞表面张力大的部分吸附表面活性剂较多，吸附后表面张力就下降得多。表面张力小的部分，吸附少，下降就小。这样，汞滴表面张力趋于均匀，也就消除了产生极大的切向运动。

9.3.2 溶出伏安法

溶出伏安法是一种灵敏度很高的电化学分析方法，检测下限一般可达 $10^{-7}\sim10^{-11}$mol/L。它将电化学富集与测定有机地结合在一起。溶出伏安法的操作分为两步：第一步是预电解，第二步是溶出。

预电解是在恒电位下在搅拌的溶液中进行，将痕量组分富集到电极上。时间需严格地控制。富集后，让溶液静止 30s 或 1min，称为休止期，再用各种伏安方法在极短时间内溶出。溶出时，工作电极发生氧化反应的称为阳极溶出伏安法；发生还原反应的称为阴极溶出伏安法。溶出峰电流大小与被测物质的浓度呈正比。

电解富集的电极有悬汞电极、汞膜电极和固体电极。汞膜电极面积大，同样的汞量做成厚度为几十纳米到几百纳米的汞膜，其表面积比悬汞大，电极效率高。

图 9-4 是在盐酸介质中测定痕量铜、铅和镉的例子，先将汞电极电位固定在-0.8V 处电解一定时间，此时溶液中部分 Cu^{2+}、Pb^{2+}和 Cd^{2+}在电极上还原，生成汞齐。电解完毕后，使电极电位向正电位方向线性扫描，这时镉、铅、铜分别被氧化形成峰。溶出伏安法除用于测定金属离子外，还可测定一些阴离子，如氯、溴、碘、硫等。它们能与汞生成难溶化合物，可用阴极溶出伏安法进行测定。

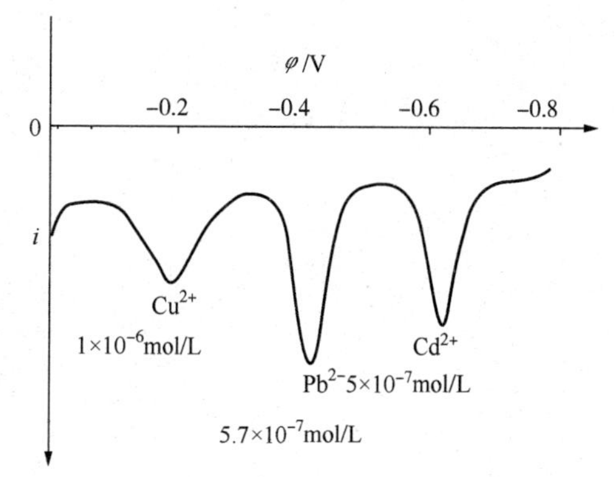

图 9-4　盐酸底液中镉、铅、铜的溶出伏安曲线

9.4 伏安分析法的应用

伏安分析新技术是近年来迅速发展的高灵敏度的测试手段之一，1992 年由捷克电化学专家海洛夫斯基创建的极谱学，多年以来，无论在理论、仪器与实验技术及应用方面都获得了很大发展。近年来，在电子学发展的推动下，出现了一些新的方法——线性扫描极谱、交流极谱、方波极谱、脉冲极谱、催化波及溶出伏安法等，化学工作者对上述方法的理论与实际应用均做了大量的工作。

9.4.1 伏安分析法在药物分析中的应用

孟昭仁等根据盐酸肾上腺素和重酒石酸去甲肾上腺素具有邻苯二酚结构，极易氧化变色，可先失去一个电子形成半苯醌游离基后，再失去一个电子成为苯二醌，是一强氧化剂在 1.5mol/L 的 NH_4Ac-NH_4OH(pH8.0)底液中 K_2CrO_4 可使汞膜-银电极的示波极谱图形呈现一敏锐切口，据此用示波极谱滴定法测定了盐酸肾上腺素和重酒石酸去甲肾上腺素药物制剂的含量。

9.4.2 伏安分析法在生物分析中的应用

Dequaire 等提出了灵敏检测免疫球蛋白 G(IgG)的电化学金属免疫分析方法。他们在聚苯乙烯微池中吸附抗体，结合抗原后再进一步结合胶体金标记的抗体(夹心式结构)。采用酸性 $HBr-Br_2$溶液高效化学氧化胶体金成 Au^{3+}，多余的 Br_2通过 3-苯氧基丙酸与溴反应除去。转移微升级化学溶出液于一次性丝网印刷碳电极上，通过-0.8V 恒电位富集金和线性伏安溶出，可间接测定低至 3pmol/L 的 IgG。Hansen 等将 CdS 纳米粒子标记到人雌激素受体 3 种不同构象的特异亲和肽上，与不同构象的人雌激素受体特异结合。酸溶各自标记的 CdS 纳米粒子后，再以阳极溶出伏安法分析镉离子，高效区分和灵敏检测了人雌激素受体的不同构象。研究者集成免疫色谱条分离、CdS@ZnS 标记和一次性丝网印刷碳电极上的溶出伏安分析，成功检测了 pg/mL 水平的 IgG 和前列腺特异抗原，该法有望广泛用于蛋白类疾病标志物的快速检测。

9.4.3 伏安分析法在环境分析中的应用

张海民等在 HSCN-KSCN 溶液中直接用 SCN^-作配合剂，采用玻碳电极同位镀汞膜的方法利用吸附溶出伏安法同时测定锌和锰，产生灵敏的吸附波，峰电位分别是-1.14V 和 -1.56V，线性范围分别为 $2.0\times10^{-8}\sim2.0\times10^{-6}$mol/L 和 $1.0\times10^{-8}\sim5.0\times10^{-7}$mol/L。

第3篇 色谱分离分析

3

色谱分离分析，又叫层析分析，是一种高效物理分离的分析技术，可以分离多组分混合物，通过配备适合的检测手段，分析化学组分及其含量。由此可见，色谱分析法具有高超的分离能力，分离效率远远高于常见的分离技术(蒸馏，萃取，离心，重结晶等)，例如毛细管气相色谱柱(0.1~0.25μm，30~50m)的理论塔板数高达 10×10^4 左右。色谱法的应用范围广，几乎可以用于所有的有机化合物，而且可以分离无机物和高分子，甚至可以分离生物大分子。此外，色谱法还具有分析速度快、样品用量少、易于其他检测仪器联用等特点，是目前实验室常用的一类分析手段。常见的色谱分离分析法可以分为气相色谱分析法、高效液相色谱分析法和凝胶色谱分析法等。

气相色谱是以惰性气体(如 N_2)作为流动相、以固定液或固定吸附剂作为固定相的色谱法。当载气携带被测样品进入色谱柱时，利用要分离的多组分在流动相和固定相两相间的分配的差异性，当流动相以稳定流速进行时，被测组分在流动相与固定相之间的吸附、解吸和溶解、挥发的过程，这些组分在两相间的反复分配，几千次到数百万次，即使组分之间的差异很小，由于超高的分离(分配)效率，这些组分仍然可以完全分离。气相色谱分离的基本原理，即是基于样品在色谱柱内流动相和固定相分配分配系数的不同而实现分离的。由此可见，气相色谱法只限用于分析气体和低沸点化合物，对于高沸点的液体和固体，可选用高效液相色谱。

高效液相色谱分析(HPLC)与气相色谱法分离原理类似，所不同的是流动相改为液体，添加了高压输液系统，将混合溶剂作为流动相，以稳定流速和压力将被测样品带入装有固定相的色谱柱中，进行反复分离，进入检测器检测，分析样品的组份。因此，只要被测样品能完全溶于作为流动相的溶剂，均可以适用于高效液相色谱分析。

凝胶渗透色谱(GPC)是在高效液相色谱基础上发展出来的，选用合适的凝胶柱作为固定相，来分离高分子，其分离原理与高效液相色谱不同，它忽略了高分子与载体间的吸附效应和分配效应，不同分子量的高分子的分子尺寸不同，当进入多孔性凝胶固定相时，小尺寸的高分子容易进入孔洞里，大尺寸的高分子直接从空隙中出来，因此，不同分子量的高分子的排出体积不一样，达到了分离目的。由此可见，GPC 可用于测定聚合物的相对分子量及其分布，适用于高分子材料和生物大分子。

第 10 章　气相色谱分析法

气相色谱仪在石油化工、环境工程、医药卫生、生物化学、食品工业等方面具有很广的应用。气相色谱主要用于定量和定性分析，对混合气体中各组成分进行分析检测的在线仪器。此外，气相色谱能测定各个组分在固定相上的物理化学常数，如分配系数、活度系数、分子量和比表面积等。

10.1　气相色谱分析法的基本原理

气相色谱仪分析法的主要分离过程为分析样品进入进样口中高温气化后，随着载气带入色谱柱，由于各组分在固定相中保留时间不同，使各组分完成分离，依次导入检测器，采集各组分的检测信号。根据导入检测器的先后次序进行对比，可以定性分析各个组分，根据峰高度或峰面积计算出各组分含量。其中常用的检测器包括：热导检测器、火焰离子化检测器、氦离子化检测器、超声波检测器、光离子化检测器、电子捕获检测器和质谱检测器等。

气相色谱分析法是以惰性气体(载气)作为流动相，以固定液或固定吸附剂作为固定相的色谱法。其中以固定液作为固定相的色谱称为气液色谱，而以固定吸附剂作为固定相的色谱气固色谱。

气液色谱的固定相是指在具有化学惰性的固体微粒(此固体用来支持固定液，称为担体或载体)表面上涂一层高沸点有机物，形成均匀的液膜，或者直接将高沸点有机物均匀地涂覆在毛细管内壁，并形成一层液膜，这层液膜与被测样品的分离分析影响很大。因此，被测样品随着惰性载气携带进入含有液膜的色谱柱，被测样品中各个组分会溶解到固定液中，称为吸附。空载的载气以稳定的流速连续流经色谱柱，溶解在固定液中的组分会挥发到气相中，称之为脱附，随着载气的流动，挥发到气相中的组分又会重新溶解在前面的固定液中。这样经过反复多次溶解、挥发、再溶解、再挥发。由于各组分在固定液中的溶解度不同，溶解度大的组分较难挥发，停留在色谱柱中的时间就长些；而溶解度小的组分易挥发，停留在色谱柱中的时间就短些，经过一段时间后，各组分就彼此分离并依次流入色谱柱。

气固色谱中的固定相是由具有多孔和较大比表面积的吸附剂组成的。当被测样品经载气携带进入色谱柱时，立即吸附在吸附剂中。随着载气不断流经吸附剂，吸附的被测组分被洗脱下来，洗脱的组分随载气流动，再次被吸附剂所吸附。由此被测组分在气固吸附剂表面进行反复吸附、解吸。由于各组分在气固吸附剂表面吸附能力不同，吸附能力强的组分在吸附剂中较难洗脱出来，停留在色谱柱中的时间会长些；而吸附能力的弱组分停留在色谱柱中的时间会短些，经过一定时间过程后，各组分就彼此分离开并依次流出色谱柱。被测组分在流动相与固定相之间的吸附、解吸或溶解、挥发的过程，叫分配过程。

气相色谱分离的基本原理如图 10-1 所示，即是基于样品在色谱柱内流动相和固定相分配系数的不同而实现分离的。当载气携带样品进入色谱柱，样品中的各个组分就在两相间进行多次分配，即使原来分配系数相差较小的组分也会在色谱分离过程中分离开来。

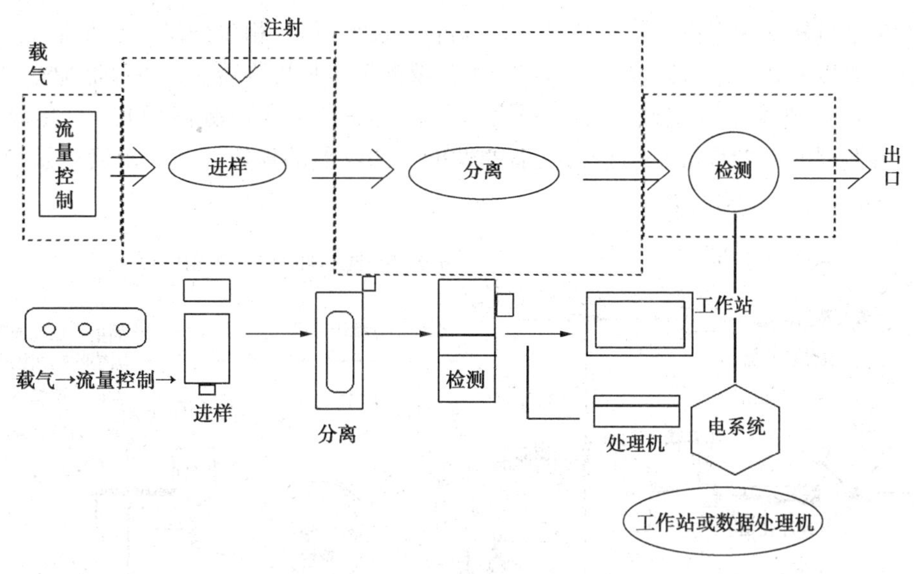

图 10-1　气相色谱仪原理方框图

10.2　气相色谱分析法的装置

气相色谱仪的基本构造主要分为两部分，即分析单元和显示单元。分析单元主要包括气源及控制计量装置、进样装置、恒温器和色谱柱。后者主要包括检测器和自动记录仪。色谱柱(包括固定相)和检测器是气相色谱仪的核心部件。如图 10-2 所示。

① 气路控制系统　主要作用是确保进样系统、色谱柱系统和检测器的正常运行，并提供稳定和可控的载气及其有关检测器必备的主燃气、助燃气以及有关辅助气体。气路控制系统的好坏主要影响气相色谱的分离效率、稳定性和灵敏度，从而直接影响被测样品定性和定量的准确性。气路控制系统的主要元件包括：开关阀、稳压阀、针形阀、切换阀、压力表和流量计等，如图 10-3 所示。

图 10-2　气相色谱仪的结构

② 进样系统　主要原理是与各种类型的进样器相匹配，确保被测样品能快速并定量地输送到各种色谱柱中进行有效色谱分离。进样系统大体可分成两大类，为填充柱和毛细柱。因此，进样系统的结构设计、进样时间、进样量及进样重复性均直接影响色谱柱的有效分离和定量的准确性。

③ 色谱柱和柱箱　色谱柱是气相色谱仪的核心或关键部分，其主要作用就是分离有机混合物样品中的各个组分，主要分为填充柱和毛细柱两大类，色谱柱选择性主要影响分离效率、稳定性和检测灵敏度。柱箱就是放置各种色谱柱的精密控温的炉箱，是色谱仪的一个重要组成部分，可对柱箱的进行恒温或程序升温方式，柱箱准确控制性会影响整机性能。

④ 检测器　检测器的主要功能是把随载气流出色谱柱的各种组分进行有效检测，将各

个组分的浓度量转变为电信号，对结果进行分析和处理，是气相色谱仪的心脏部件。在气相色谱仪上，可以配备一个检测器，也可以根据需要配置多种检测器，选用仪器配置何种检测器，是根据使用要求来确定的。常用的检测器有氢焰离子化检测器(FID)、热导检测器(TCD)。检测器的性能直接影响整机仪器的性能，如仪器的稳定性和灵敏度以及应用范围等。图 10-4 为 FID 结构示意图。

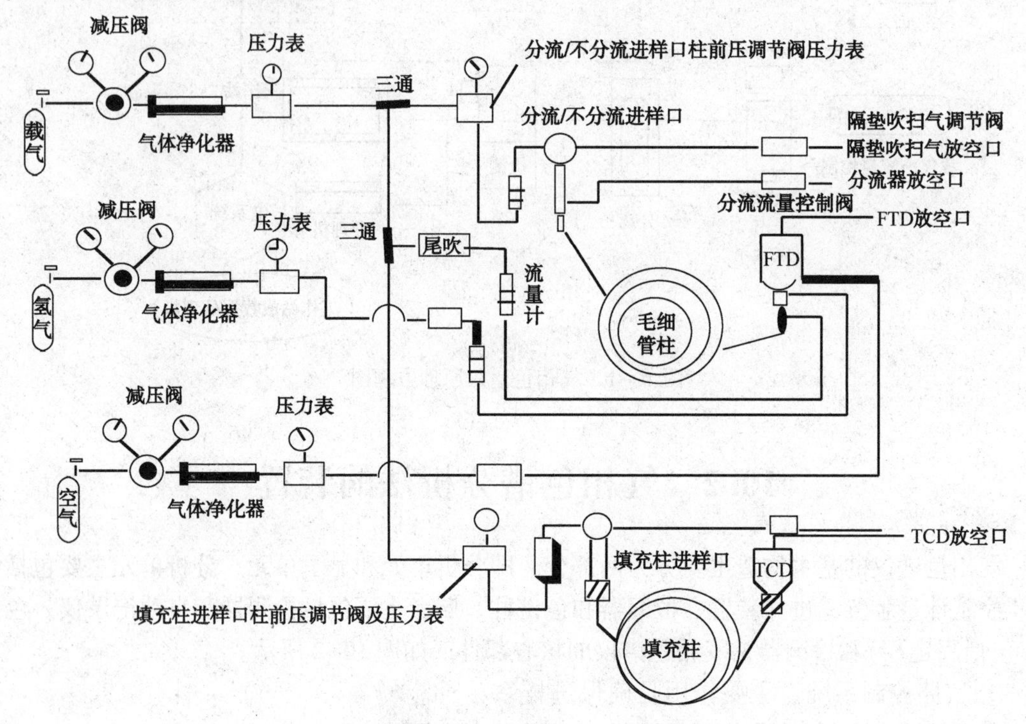

图 10-3　气相色谱仪的气路系统

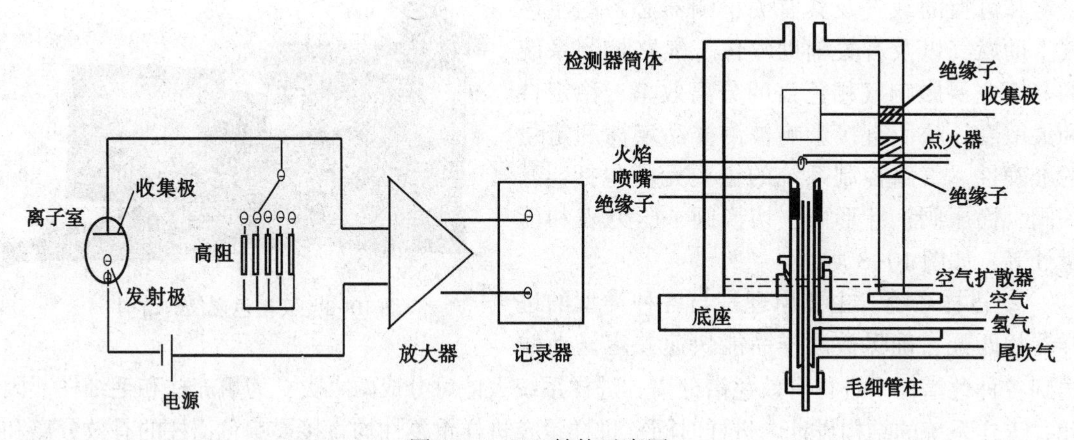

图 10-4　FID 结构示意图

⑤ 检测电路　每一种检测器都必需对应配套连接一个检测器电路，例如最常用的氢焰离子化检测器，就必需配置一个微电流放大器，热导检测器就必需配置一个使热导池测量电桥工作所需的恒流源。

⑥ 温度控制系统　温度直接影响被测组分的分离效果，是气相色谱技术中十分重要的参数，需要控温的包括进样系统，色谱柱和检测器，还有些特殊使用中，如气路系统、裂解

器、催化转化炉、气体净化器等也需要温控，因此整个气相系统中至少有三路温度控制。温度控制中一般采用铂电阻做为感温元件，加热元件中柱箱一般采用电炉丝，进样系统、检测器中采用内热式加热器，加热电流控制的执行元件都采用可控硅元件或固态继电器。对仪器中各部分温度控制的好坏(指温控精度和稳定性)会直接影响各组分分离效果、基线稳定性和检测灵敏度等性能。

⑦ 数据记录与处理系统　气相色谱检测器将样品组分转换成电讯号后(一般色谱信号是微分信号)，就需要在检测电路输出端连接一个对输出讯号进行记录和数据处理的装置，随着计算机技术的普及应用，采用专用的色谱数据采集卡(可与色谱仪直接联用)，再配置一套相应的软件就成为色谱分析工作站。此系统可将色谱信号进行收集、转换、数字运算、存储、输以及显示、绘图，直接给出被分析物质成份的含量并打印出最后结果；数据记录与处理系统一般是与色谱仪分开设计的独立系统，可由使用者任意选配，但在使用上，是整套色谱仪器不可分割的重要组成部分，这部分工作的好坏将直接影响定量精度。

10.3　气相色谱分析法的测定

10.3.1　气相色谱分析法的设置

① 温度　进样口温度应接近于或等于样品中最重组分的沸点，以保证样品快速汽化，减小初始谱带宽度。但溢度太高有使样品组分分解的可能性。对于个未知的新样品。可将进样口温度设置为300℃进行试验。

② 载气流速　常用毛细管GC所用柱内载气线流速为氦气30~50cm/s，氮气20~40cm/s，氢气40~60cm/s。实际流速可通过测定死时间来计算，通过调节柱前从来控制。对于分流进样，还要测定隔垫吹扫气流量和分流流量，前者一般为2~3mL/min，后者则要依据样品情况(如待侧组分浓度等)、进样量大小和分析要求来改变。常用分流比范围为20∶1~200∶1，样品浓度大或进样量大时，分流比可相应增大，反之则减小。用大口径柱时分流比小一些(或采用不分流进样)。用微径柱作快速GC分析时，分流比要求很大(如1000∶1或高)。另一方面，分流比小时，分流歧视(见下面关于分流歧视问题的讨论)效应可能小一些，但初始谱带是溶剂谱带，宽度要大一些，必要时可采用聚焦技术。而分流比大时，初始谱带宽度小，但分流歧视效应可能会增大。所以，在实际工作中应据样品情况和分析要求选择一个合适的折中点。

③ 进样量和进样速度　分流进样的进样量一般不超过2μL，最好控制在0.5μL以下，因为衬管的容积有限，液体汽化时体积要膨胀数百倍(表10-1)。当然。进样量还和分流比是相关的，分流比大时，进样量可大一些。至于进样速度应当越快越好，一是防止不均匀汽化，二是保持窄的初始谱带宽度。因此，快速自动进样往往比手动进样的效果好。

表10-1　各种小分子的蒸气膨胀因子

溶剂	相对密度	相对分子质量	估计膨胀因子
异辛烷	0.89	114	138∶1
己烷	0.66	86	174∶1
戊烷	0.62	72	198∶1
乙酸乙酯	0.90	88	233∶1

续表

溶剂	相对密度	相对分子质量	估计膨胀因子
氯仿	1.48	119	284∶1
二氯甲烷	1.33	85	356∶1
甲醇	0.79	32	53∶1

注：进样口温度250℃，柱前压90kPa。

10.3.2 气相色谱分析法的注意事项

① 操作过程中，一定要先通载气再加热，以防损坏检测器。

② 在使用微量进样器取样时要注意不可将进样器的针芯完全拔出，以防损坏进样器。

③ 检测器温度不能低于进样口温度，否则会污染检测器，进样口温度应高于柱温的最高值，同时化合物在此温度下不分解。

④ 含酸、碱、盐、水、金属离子的化合物不能分析，要经过处理方可进行。

⑤ 进样器所取样品要避免带有气泡以保证进样重现性。

⑥ 取样前用溶剂反复洗针，再用要分析的样品至少洗2~5次以避免样品间的相互干扰。

⑦ 直接进样品，要将注射器洗净后，将针筒抽干，避免外来杂质的干扰。

第 11 章　高效液相色谱分析法

高效液相色谱法(HPLC)是 20 世纪 60 年代末 70 年代初发展起来的一种新型分离分析技术，随着不断的改进和发展，目前已成为应用极为广泛的化学分离分析的重要手段。对于挥发性低、热稳定性差、分子量大的高分子化合物以及离子型化合物的分离极为有利。如氨基酸、多肽、蛋白质、生物碱、核酸、甾体、类脂、维生素、抗菌素等均可进行分离分析定量。

高效液相色谱是目前应用最多的色谱分析方法，高效液相色谱系统由流动相储液体瓶、输液泵、进样器、色谱柱、检测器和记录器组成，其整体组成类似于气相色谱，但是针对其流动相为液体的特点作出很多调整。储液器中的流动相被高压泵打入系统，样品溶液经进样器进入流动相，被流动相载入色谱柱(固定相)内，由于样品溶液中的各组分在两相中具有不同的分配系数，在两相中作相对运动时，经过反复多次的吸附-解吸的分配过程，各组分在移动速度上产生较大的差别，被分离成单个组分依次从柱内流出，通过检测器时，样品浓度被转换成电信号传送到记录仪，数据以图谱形式打印出来。

11.1　高效液相色谱分析法原理

利用混合物中各组分在不同的两相中溶解、分配、吸附等化学作用性能的差异，当两相作相对运动时，使各组分在两相中反复多次受到上述各作用力而达到相互分离。

高效液相色谱分析法可按分离机制的不同，分为液固吸附色谱法、液液分配色谱法(正相与反相)、离子交换色谱法、离子对色谱法及分子排阻色谱法等。

① 液固色谱法　采用固体吸附剂作为固定相，分离原理是根据固定相对组分吸附力大小不同而分离，因此，分离过程是一个吸附/解吸附的平衡过程。常用的吸附剂的色谱柱有一定粒度的硅胶或氧化铝填充而成的，粒度主要范围为 5~10μm。可以分离大约 200~1000 分子量的有机小分子组分，属于非离子型化合物，含有离子基团的化合物容易出现拖尾现象。此外，液固色谱法甚至可以分离同分异构体。

② 液液色谱法　在固定相的担体表面涂覆上特定的液态有机物，或其表面采用化学键合于担体表面，形成液液色谱柱，其分离原理是根据被分离的组分在流动相和固定相中溶解度不同而分离。分离过程是一个分配平衡过程。涂布式固定相表面化合物应具有稳定的惰性；为了减少固定相从担体表面流失，流动相必须预先加入饱和的固定相有机化合物，由于温度的变化和不同批号流动相的区别，会引起柱子表面化合物的变化；另外，在流动相中存在的固定相也使样品的分离和收集复杂化。由于涂布式固定相很难避免固定液流失，现在已很少采用。现在多采用的是化学键合固定相，如 C_{18}、C_8、氨基柱、氰基柱和苯基柱。

按固定相和流动相的极性不同可分为正相色谱法和反相色谱法。正相色谱法选用极性固定相(如聚乙二醇、氨基与腈基键合相等)，而流动相为相对非极性的疏水性溶剂(如正己烷、环己烷)。常用于分离中等极性和极性较强的化合物。反相色谱法一般采用非极性固定相(如 C_{18}、C_8)；流动相为水、甲醇、乙腈、异丙醇、丙酮、四氢呋喃等混合溶剂。适用于分离非极性和极性较弱的化合物，反向色谱法在现代液相色谱中应用最为广泛，据统计，它占整个 HPLC 应用的 80%左右。随着柱填料的快速发展，反相色谱法的应用范围逐渐扩大，现已应用于某些无机样品或易解离样品的分析。

③ 离子对色谱法　又称偶离子色谱法，属于液液色谱法的延伸。它是根据被测组分离子与离子对试剂离子形成中性的离子对化合物后，在非极性固定相中溶解度增大，从而使其分离效果改善。主要用于分析离子强度大的酸碱物质。分析碱性物质常用的离子对试剂为烷基磺酸盐，如戊烷磺酸钠、辛烷磺酸钠等。

④ 排阻色谱法　固定相是有一定孔径的多孔性填料，流动相是可以溶解样品的溶剂。小分子量的化合物可以进入孔中，滞留时间长；大分子量的化合物不能进入孔中，直接随流动相流出。它利用分子筛对分子量大小不同的各组分排阻能力的差异而完成分离。常用于分离高分子化合物。

11.2　高效液相色谱分析法的装置

高效液相色谱由输液系统、进样系统、分离系统、检测系统、数据处理系统五部分组成，如图 11-1 所示。

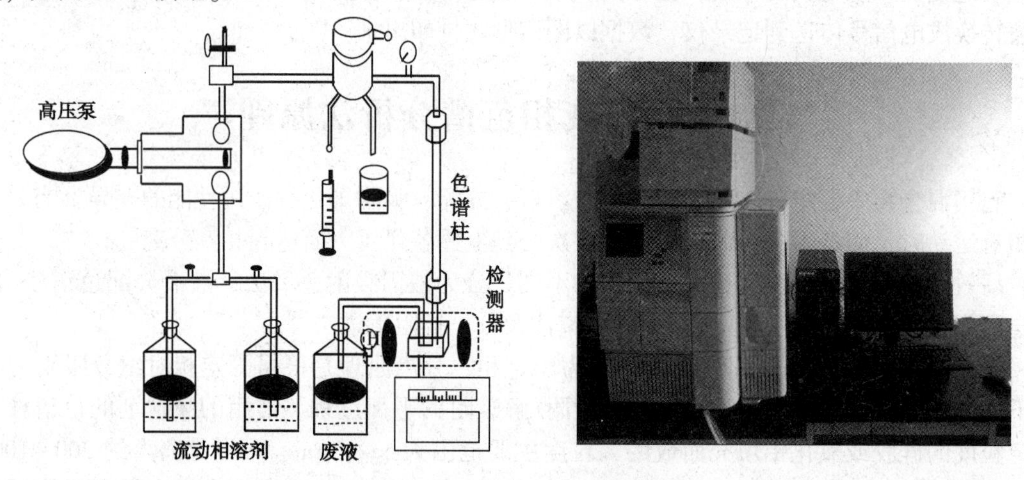

图 11-1　高效液相色谱的组成装置

(1) 输液系统

主要由输液系统由储液装置、脱气装置、高压输液泵、梯度淋洗系统组成，能够提供足够的驱动力使流动相通过填充柱，同时使流动相流量精确稳定，流动相组成精确。

① 储液装置　分析用高效液相色谱的流动相储罐，常用 1L 的锥形瓶加一个电磁搅拌器，再连接到泵入口处的管线上要加一个过滤器。

② 脱气装置　用于脱去流动相中的溶解气体，流动相先经过脱气装置再输入到色谱柱内(图 11-2)。

③ 高压输液泵　为了获得高柱效而使用颗粒很小的固定相(<10μm)，液体的流动相高速通过时，将产生很高的压力，因此高压、高速是高效液相色谱的特点之一。

④ 梯度淋洗装置　所谓梯度淋洗就是载液(即流动相)中含有两种(或更多)不同极性的溶剂，在分离过程中按一定的程序连续改变载液中溶剂的配比和极性，通过载液中极性的变化来改变被分离组分的分离因素，以提高分离效果，简图如图 11-3 所示。

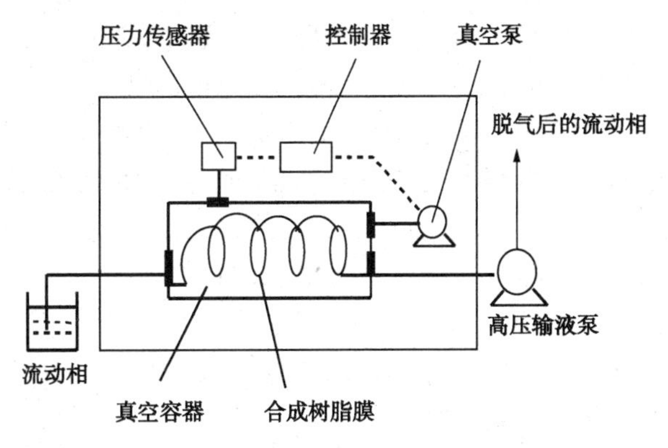

图 11-2　真空脱气装置原理图

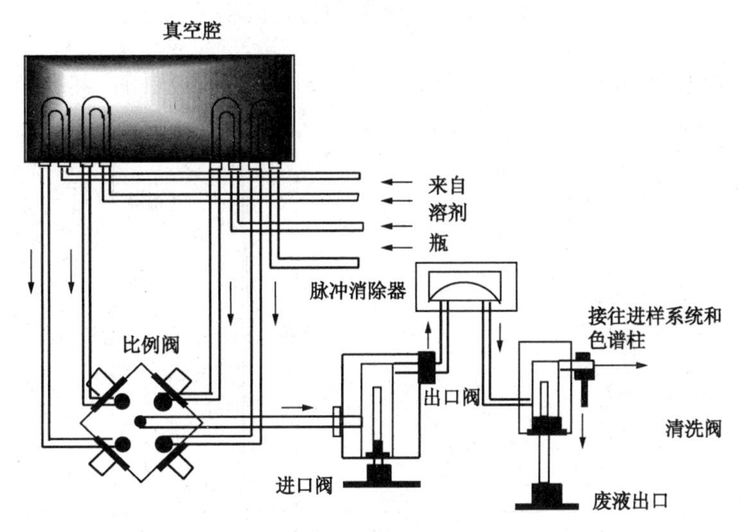

图 11-3　梯度淋洗装置示意图

（2）进样系统

早期使用隔膜和停流进样器，装在色谱柱入口处。现在大都使用六通进样阀或自动进样器。进样装置要求：良好的密封性、较小的死体积、重复性好、保证中心进样、进样时对色谱系统的压力、流量影响小。HPLC 进样方式可分为隔膜进样、停流进样、阀进样和自动进样。

常用六通进样阀由圆形密封垫（转子）和固定底座（定子）组成。由于阀接头和连接管死体积的存在，耐高压（35～40MPa），但柱效率低于隔膜进样（下降约 5%～10%），进样量准确、重复性好、操作方便。六通阀的进样方式有部分装液法和完全装液法两种。用部分装液法进样时，进样量应不大于定量环体积的 50%，并要求每次进样体积准确、相同。此法进样的准确度和重复性决定于注射器取样的熟练程度，而且易产生由进样引起的峰展宽。用完全装液法进样时，进样量应不小于定量环体积的 5～10 倍，这样才能完全置换定量环内的流动相，消除管壁效应，确保进样的准确度及重复性。

（3）液相色谱分离条件的选择

① 依据相对分子质量选择　一般的液相色谱（吸附、分配及离子交换）最适合相对分子质量范围 200～2000。相对于分子质量大于 2000 的样品，则用空间排阻色谱较佳。

② 根据溶解性能选择　如果样品可溶于水并属于能离解的物质，以采用离子交换色谱

为佳；如果样品溶于烃类(如苯或异辛烷)，则可采用液固吸附色谱；如果样品溶于四氯化碳，则大多数可采用常规的分配或吸附色谱分离；如果样品既溶于水，又溶于异丙醇，则可采用液-液分配色谱，以水和异丙醇的混合物为流动相，以憎水性化合物为固定相。

③ 根据分子结构选择　判断样品存在什么官能团，然后确定合适的色谱分离类型。例如，样品为酸、碱化合物，则采用离子交换色谱；样品为脂肪族或芳香族，可采用液-液分配色谱或液-固吸附色谱；异构体采用液-固吸附色谱；同系物不同官能团及强氢键的样品可用液-液分配色谱。

④ 流动相的选择　化学稳定性好，与样品不发生化学反应；对样品组分具有合适的极性和良好的选择性；必须与检测器相适应。

11.3　液相色谱图

色谱柱流出物通过检测器时所产生的响应信号对时间的曲线图，其纵坐标为信号强度，横坐标为时间(图 11-4)。

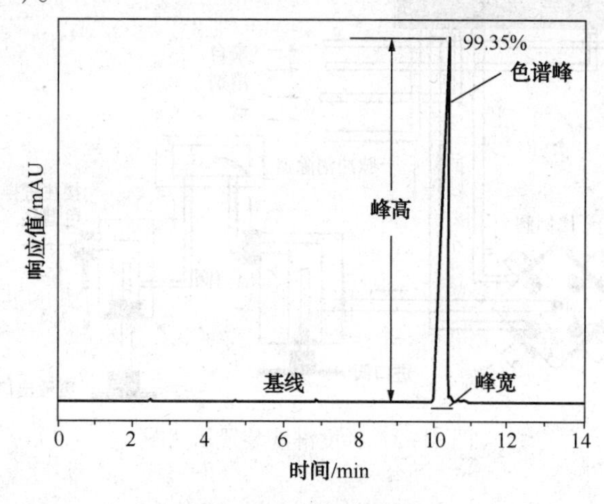

图 11-4　液相色谱图

液相色谱图名词术语：

色谱峰(peak)——色谱柱流出组分通过检测器时产生的响应信号；

峰底(peak base)——峰的起点与终点之间连接的直线；

峰高(peak height)——峰最大值到峰底的距离；

切线峰宽(peak width)——在峰两侧拐点处所作切线与峰底相交两点之间的距离；

半(高)峰宽(peak width at half height)——通过峰高的中点作平行于峰底的直线，其与峰两侧相交两点之间的距离；

峰面积(peak area)——峰与峰底之间的面积，又称响应值；

标准偏差(standard error)——0.607 倍峰高对应峰宽的一半；

基线(baseline)——在正常操作条件下，仅由流动相所产生的响应信号；

基线漂移(baseline drift)——基线随时间定向的缓慢变化；

基线噪声(baseline noise)——由各种因素所引起的基线波动；

谱带扩展(band broadening)——由于纵向扩散，传质阻力等因素的影响，使组分在色谱柱内移动过程中谱带宽度增加的现象。

第12章　凝胶色谱分析法

凝胶渗透色谱(GPC)是一种快速而又简单的分离分析技术，由于设备简单、操作方便，不需要有机溶剂，对高分子物质有很高的分离效果。凝胶色谱主要用于高聚物的相对分子质量分级分析以及相对分子质量分布测试。目前GPC已经被生物化学、分子生物学、生物工程学、分子免疫学以及医学等有关领域广泛采用，不但应用于科学实验研究，而且已经大规模地用于工业生产。

12.1　凝胶渗透色谱原理

GPC的分离机理比较复杂，目前有体积排除理论、扩散理论和构象熵理论等几种解释，其中最有影响力的是体积排除理论。GPC的固定相是表面和内部有着各种各样、大小不同的孔洞和通道的微球，可由交联度很高的聚苯乙烯、聚丙烯酰胺、葡萄糖和琼脂糖的凝胶以及多孔硅胶、多孔玻璃等来制备。当被分析的聚合物试样随着溶剂引入柱子后，由于浓度的差别，所用溶质分子都力图向填料内部孔洞渗透。较小的分子除了能进入较大的孔外，还能进入较小的孔；较大的分子就只能进入较大的孔；而比最大的孔还要大的分子就只能停留在填料颗粒之间的空隙中。随着溶剂洗提过程的进行，经过多次渗透-扩散平衡，最大的聚合物分子从载体的粒间首先流出，依次流出的是尺寸较小的分子，最小的分子最后被洗提出来，从而达到依高分子体积进行分离的目的，得出高分子尺寸大小随保留时间(或保留体积V_R、淋出体积V_e)变化的曲线、即分子量分布的色谱图。

高分子在溶液中的体积决定于相对分子量、高分子链的柔顺性、支化、溶剂和温度，当高分子链的结构、溶剂和温度确定后，高分子的体积主要依赖于相对分子量。基于上述理论，GPC的每根色谱柱都是有极限的，即排阻极限和渗透极限。排阻极限是指不能进入凝胶颗粒孔穴内部的最小分子的分子量，所有大于排阻极限的分子都不能进入凝胶颗粒内部，直接从凝胶颗粒外流出，不但达不到分离的目的还有堵塞凝胶孔的可能。渗透极限是指能够完全进入凝胶颗粒孔穴内部的最大分子的分子量，如果两种分子都能全部进入凝胶颗粒孔穴内部，即使它们的大小有差别，也不会有好的分离效果。所以，在使用GPC测定相对分子量时，必须首先选择好与聚合物相对分子量范围相配的色谱柱。对一般色谱分辨率和分离效率的评定指标，在凝胶渗透色谱中也被沿用。

12.2　凝胶渗透色谱仪的基本结构

GPC仪的基本结构包括泵系统、进样系统、色谱柱系统(包括色谱柱恒温箱)、检测系统及数据采集与处理系统，如图12-1所示。由于所测试的样品和选择的实验条件不同，附加的一些装置有所区别。高温型GPC配有加热系统，在线过滤系统及自动进样系统；制备型GPC要使用特殊的制备型色谱柱及样品收集系统。

① 泵系统　包括一个溶剂储存器、一套脱气装置和一个高压泵。其作用是使流动相(溶剂)以恒定的流速流入色谱柱。泵的工作状况好坏直接影响着最终数据的准确性。越是精密的仪器，要求泵的工作状态越稳定。要求流量的误差应该低于0.01mL/min。

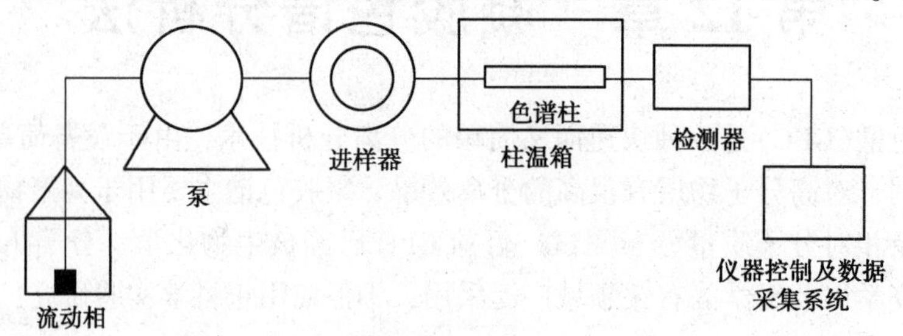

图12-1　GPC仪的基本组成

②进样系统　将配置好的一定浓度的聚合物溶液通过微量注射器注入到色谱柱的一个装置，分为手动进样和自动进样。

③ 加热恒温系统　温度对聚合物溶液的黏度影响很大，为了得到准确的数据，要求GPC仪器都应该有一个控温准确的加热系统。柱温箱应该具备多点测温与控温功能，温度波动必须低于±0.1℃。

④ 色谱柱　GPC仪分离的核心部件。是在一根不锈钢空心细管中加入孔径不同的微粒作为填料。对色谱柱中填充的凝胶颗粒的基本要求是不能被流动相容剂溶解。每根色谱柱都有一定的相对分子质量分离范围和渗透极限，色谱柱有使用的上限和下限。

色谱柱的使用上限是当聚合物最小的分子不能进入凝胶内部，全部从凝胶颗粒外部流过，此时聚合物无法分离。色谱柱的使用下限就是当聚合物中最大尺寸的分子链比凝胶孔的最小孔径还要小，这时也没法将不同分子量聚合物分离。所以在使用凝胶色谱仪测定相对分子质量时，必须首先选择好与聚合物相对分子质量范围相配的色谱柱。

⑤ 检测系统　GPC仪器中使用的检测器种类很多，可以根据需要选择一种检测器使用，或者选择多个检测器联用。目前多检测器联用的技术发展很快，可以得到更多更有价值的实验信息。

a. 示差检测器

属于浓度敏感型检测器，所以几乎可以满足所有聚合物材料的测试，最大的缺点就是灵敏度不是很高，低于紫外检测器。另外在使用中对于压力和温度变化非常敏感，所以在使用时对温度要求较为苛刻，一方面检测器本身的控温精度要达到很高(±0.01℃)，还要求环境温度恒定(低于检测器设定的温度，如检测器设定25℃，环境温度必须在25℃以下)，人员流动尽可能少。

b. 其他检测器

在GPC中应用比较多的一种选择型检测器是紫外检测器，适用于有紫外吸收基团的聚合物检测，其灵敏度比示差检测器高。示差-紫外检测器联用可以进行苯环，双键含量测定，共聚物组成分布研究等工作。此外，示差-黏度检测器联用可以聚合物参数K、α值的测定、聚合物长分子链支化度的测定等工作。激光光散射法是可以直接测定聚合物绝对质均分子量质量，GPC可以得到分子质量分布数值，二者联用可以得到分子质量的绝对数值和分子质量的分布值。

12.3　凝胶渗透色谱法的样品制备

（1）干燥

样品必须经过提纯、完全干燥。如果提纯和干燥不完全，样品中的水分、溶剂、杂质等也会在色谱图上产生相应的色谱峰，干扰样品本身的色谱峰。

（2）样品浓度

样品须以一定浓度溶解在溶剂中配制成聚合物溶液，所用溶剂与所使用的流动相相同。溶液浓度在0.05%~0.3%(质量分数)之间，具体根据相对分子质量大小做相应调节，通常相对分子质量相对大、溶解性不太好的样品浓度低些，相对分子质量小、溶解性好的样品浓度稍微高些。

（3）溶解时间

为保证聚合物在溶剂中达到完全溶解的状态，需保证溶解时间足够长。普通样品的溶解时间是4~12h，相对分子质量大的样品，可适当延长溶解时间。对于一些橡胶类大分子材料，需溶解48~72h。

（4）过滤

为了避免样品溶液中有溶解不完全的物质堵塞色谱柱的孔径，聚合物溶液必须经过0.45μm的过滤膜过滤。

12.4　凝胶渗透色谱法的应用

12.4.1　高分子与低分子同时测定

由于小分子和高分子的流体力学体积相差较大，因而GPC可以同时分析而不必进行预先分离。一般来说从高分子材料的GPC可以同时看到三个区域：*A*—高分子；*B*—添加剂和齐聚物；*C*—未反应的单体和低分子的污染物，如水(图12-2)。

（1）环氧树脂中树脂和齐聚物的同时分析

普通双酚A型环氧树脂有很宽的分子量范围(高，中，低)。GPC能快速可靠地鉴别不同类型环氧树脂的分子量特性(图12-3)。

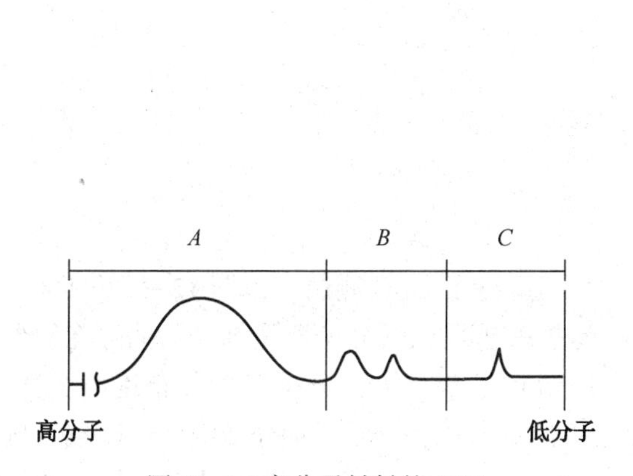

图12-2　高分子材料的GPC

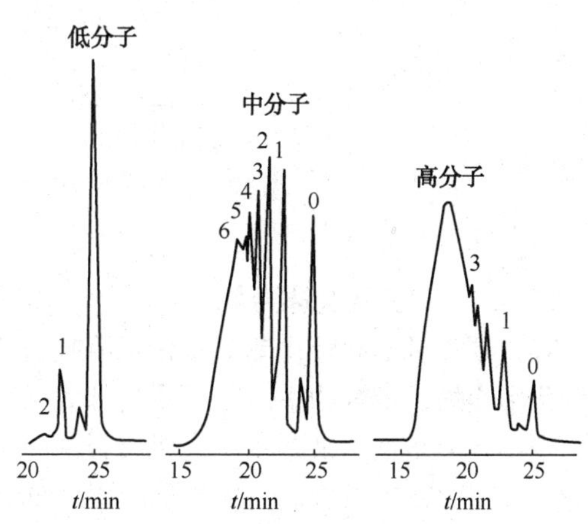

图12-3　低、中和高分子量双酚A型环氧树脂的GPC谱图

三种不同分子量的 GPC 谱图如图所示，图上数字代表不同的聚合度 n，树脂和齐聚物的峰形特征可用作指纹图，以区别不同厂家和批号的产品。

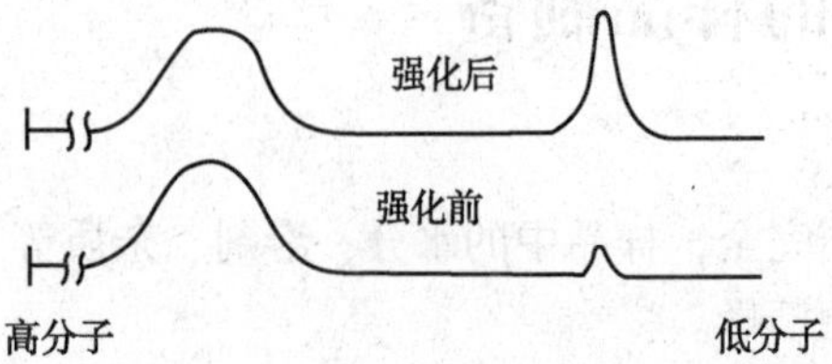

（2）高分子材料中小分子的定性鉴别

和其他色谱方法一样，GPC 也可以用保留体积来鉴别或分离后用 IR 等方法鉴定中小分子物质。如果能预测某未知峰属于某种化合物，则将该化合物加入该试样中，比较前后的谱图变化，如果未知峰强化，则很可能就是该物质(图 12-4)。

强化后
强化前
高分子
低分子

图 12-4　用强化法鉴别高分子材料中的小分子化合物的示意图

12.4.2　制备窄分布聚合物

窄分布聚合物样品的制备是指通过物理分级的方法分离原本相对分子质量分布比较宽的样品。使用的仪器是制备型 GPC，其泵的流速相对普通 GPC 要高，色谱柱的管径要粗一些，保证较大流量。淋洗液流经一个自动的多通道阀门，将淋洗液分别输送到特殊的选择收集瓶中，实现宽分散样品的分级，分离样品反复通过色谱分级，最终制得窄分布聚合物。

12.4.3　在高分子合成及生产过程中的检测

在高分子合成的过程中，不同的反应机理下，产物分子量及分布随着反应时间延长会发生不同的变化。通过合成过程中取样分析，就能判断聚合反应机理。

同样的，在材料加工过程中，分子量随着加工的进行发生变化，也可通过 GPC 进行跟踪检测。丁苯橡胶在塑炼时分子量及其分布会发生变化，通过定时取样经 GPC 分析，可知道其变化规律。如图 12-5 所示，随塑炼时间的增加，高分子量组分裂解增加，GPC 曲线向低分子量方向移动，经过 25min 以后，高分子量组分几乎完全消失。

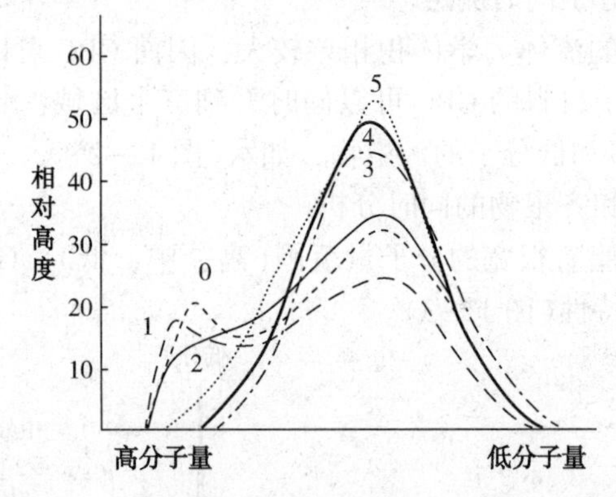

图 12-5　经不同时间塑炼后的丁苯胶的 GPC 谱图

0—塑炼 0min；1—塑炼 4min；2—塑炼 5min；3—塑炼 25min；4—塑炼 120min；5—塑炼 180min

12.4.4　研究支化聚合物

姜扣琴等对不同转化率下支化聚甲基丙烯酸甲酯进行了 GPC 测试。由图 12-6 可见随单体转化率增加，聚合物中高分子质量部分保留时间越来越短，低分子质量部分仍然存在，但含量变小且峰型也越来越宽，说明聚合物的分子质量在逐渐增大，分子质量分布逐渐变宽。此外，从图中还可以看出反应起始阶段，低转化率下(3.65%)，分子量分布值在 1 附近，此时聚合物的分子质量分布较窄，GPC 谱图上的峰基本呈单峰，说明生成的是带有悬垂双键的初级链。随着聚合反应的进行，单体转化率不断提高，且 GPC 谱图峰型向双峰发展，峰型变宽，对应的分子质量分布也相对变宽，分子量分布值在 2 附近，这主要是由于反应引发悬垂双键使初级链偶合生成了支化聚合物。

需要指出的是，在利用 GPC 测定支化聚合物分子量的时候，由于支化分子在溶剂中构型较线性分子致密，需对结果进行校正。

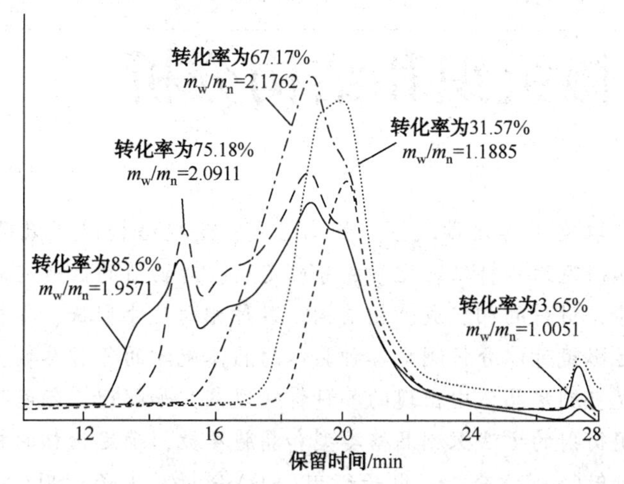

图 12-6　不同转化率下支化聚甲基丙烯酸甲酯的 GPC 图

第4篇 显微组织和结构分析

材料的性能主要取决于其化学成分、物相组成、宏观结构以及微观结构。其中物相组成，尤其是相组成和微观结构特征在化学成分确定后，对物质的性质起着关键性的作用。所谓的物相分析是指研究材料的相组成、相结构、各种相的尺寸形状、各相含量与分布、晶体缺陷等。利用光学显微镜可以分析测定各种晶体的晶体光学的各种参数，如折射率、最大双折射率、光性等，也可测定晶体中出现的各种特殊现象，如解理，颜色及多色性等；而狭义的物相分析是指利用衍射的方法探测晶格类型和晶胞参数，确定物相的相结构。主要的分析手段包括：X射线衍射(XRD)分析、电子衍射(ED)分析及中子衍射(ND)分析等。其共同的原理是利用电磁波及物质波(运动的电子束、中子束)等于材料内部规则排列的原子作用产生相干散射、获得材料内部原子排列的信息，从而重组出物质的结构。本书中主要介绍X射线衍射分析及电子衍射分析的内容。

材料的外观形貌(如材料的表面、断口形貌)、颗粒(晶粒)的大小及其形态等微观结构的观察和分析对于理解材料的本质至关重要。主要的测试手段有光学显微镜(OM)、扫描电子显微镜(SEM)、透射电子显微镜(TEM)等。

光学显微镜是采用可见光(波长为390~770nm)作为信息载体，通过玻璃或树脂透镜折射聚焦成像，其分辨极限约为波长的一般，及0.2μm左右，因此，光学显微镜只能从微观尺度观察和分析物质的内部世界。

透射电子显微镜是采用透过薄膜样品的电子束成像来显示样品内部组织形态和结构的。因此它可以在观察样品微观组织形态的同时，对所观察的区域进行晶体结构鉴定(同位分析)。其分辨率可达10^{-1}nm。

扫描电子显微镜是利用电子束在样品表面扫描激发出来代表表面特征的信号成像的。最常用来观察表面形貌(断口等)。目前场发射式扫描电镜的分辨率已达0.6nm(加速电压30kV)或2.2nm(加速电压1kV)。

材料的化学成分分析包括宏观和微区化学成分分析。电子探针显微分析是利用聚焦的很细的电子束打在样品的微观区域，激发出样品该区域的特征X射线，分析其X射线的波长和强度来确定样品微观区域的化学成分。测试仪器主要有电子探针仪、能谱仪和波谱仪。将扫描、透射、电子探针等结合在一起，可以实现表面形貌、微区成分与结构的同步分析。

本篇主要就显微形貌、结构分析的基础理论、装置、分析方法和应用作简单介绍和分析。

第 13 章　光学显微分析法

光学显微分析是指利用可见光观察物体的表面形貌和内部结构，鉴定晶体的光学性质。透明晶体的观察可利用透射显微镜，如偏光显微镜。而对于不透明物体来说就只能使用反射式显微镜，即金相显微镜。利用偏光显微镜和金相显微镜进行晶体光学鉴定，是研究材料的重要方法之一。光学显微分析开始于 19 世纪 60 年代，150 余年的科学实践使它已从一般的明场观察发展成材料科学领域中一项完整的基础技术，在 0. 2mm~0. 2μm 尺度范围的观察分析中具有不可替代的作用。在本章中将介绍四个部分的内容，即光学显微分析原理、装置、分析方法和应用。

13. 1　光学显微分析基本原理

（1）光的折射

光在介质中是沿直线传播的。在不同介质中光的传播速度不同。当光从一种介质传播到另一种介质中去时，在两介质的界面上光的传播方向会发生突然的变化，这种现象就是光的折射。利用光的折射特性可使平行的光束射入旋转对称凸透镜时发生聚焦作用，因此光的折射是光学透镜成像的基础，如图13-1 所示。凸透镜是光学显微镜放大成像的主要部件，凸透镜成像时服从下面的关系式：

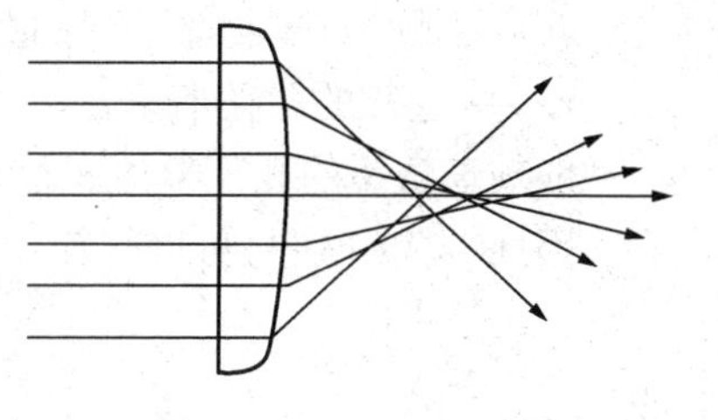

图 13-1　平光的聚焦

$$\frac{1}{L_1}+\frac{1}{L_2}=\frac{1}{f} \tag{13-1}$$

图 13-2 中表示出了式(13-1)中各参数的意义，其中 L_1 和 L_2 分别为物距和像距，F 为焦点，它至透镜中心的距离 f 为焦距。

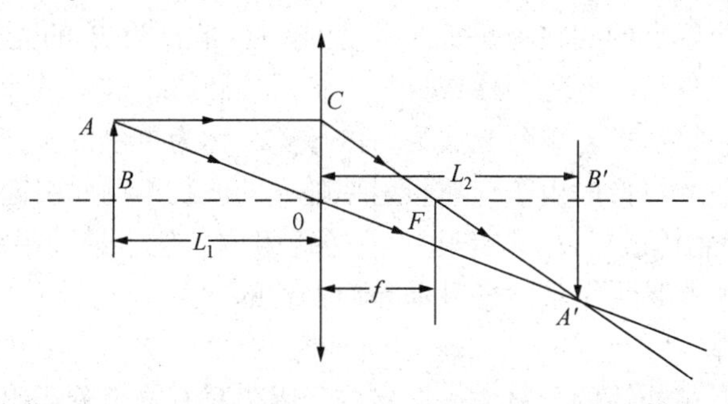

图 13-2　凸透镜的成像

将物体置于图 13-2 中 1~2 倍焦距之间，根据几何光学的原理，当 $1<L_1/f<2$ 时形成倒立的放大实像。由结合作图的结果可知，当 $L_1/f>2$ 时，形成倒立缩小实像，当 $L_1/f<1$ 时，形成正立虚像。

透镜的放大倍数等于像和物长度的比值，或像距和物距的比值，即

$$M = \frac{A'B'}{AB} = \frac{L_2}{L_1} \tag{13-2}$$

玻璃制成的光学透镜，其焦距f已经固定不变，若要满处成像条件则必须改进透镜与物和像之间的相对位置以获得与式(13-1)式相匹配的L_1和L_2值。

(2) 光的衍射

光具有波动性，光波之间会相互干涉即产生衍射现象。由于衍射效应的存在物点通过透镜成像时成像点并不是一个理想的点(几何点)而是一个有一定尺寸的光斑，称为埃利(Airy)斑。埃利斑中间的亮度最大，四周被亮度逐渐减弱的衍射环所包围。当两个埃利斑之间的距离等于埃利半径R_0时，两斑之间存在的亮度差是人眼刚能分辨的极限值。透镜能够分辨物体(样品)上相邻两个物点间的最小距离。若把R_0除以放大倍数M就可把这个尺度折算到成像的物体上，即

$$r_0 = \frac{R_0}{M} = \frac{0.61\lambda}{n\sin\alpha} \tag{13-3}$$

式中 r_0——透镜能够分辨物体(样品)上相邻两个物点间的最小距离；

M——放大倍数；

λ——照明光的波长；

n——透镜靠肩物体一般的介质折射率；

α——透镜的孔径半角。

一般玻璃透镜的孔径半角α最大可达75°；若物方的介质为松柏油则折射率n可达1.5左右。因此，式(13-3)可以写成：

$$r_0 \approx \frac{1}{2}\lambda \tag{13-4}$$

式(13-4)说明了由衍射效应规定的分辨率可以用照射光波长的一般大小来估算。可见光的波长范围为390~760nm，若用可见光中波长最短的紫光照明，则分辨率可达200nm左右。

(3) 光学透镜的像差

衍射效应会使一个物点的相在像平面上扩大成一个半径为R_0的光斑，除此之外，由于透镜成像时受到物理条件的限制也会使成像物点扩展成圆斑，这就是像差。按像差产生的原因可把它们分成两类：第一类是单色光成像时的像差，称为单色像差，如球差、像场弯曲和像散等；第二类是多色光成像时由于介质折射率随光的波长不同而引起的像差，叫做色差。

显微镜中的透镜(物镜或目镜)均是由一组透镜组成。位于最前沿的凸透镜担负放大的作用，而后继的透镜组则是为了消除各种像差而安置的。

(4) 透镜的分辨率

显微镜的分辨率是由物镜的分辨率来决定的，因为只有物镜分辨出的结构细节才能被目镜进一步清晰放大。根据式(13-3)，可通过增加孔径半角α和介质折射率或者改用较短波长的光源来减小R_0的数值，提高分辨率。

(5) 偏振光

偏振光金相分析的基本原理是借助于偏振光，利用各项组织的光学性质的差异(光学的各向同性、各向异性、透明度等，从而提高衬度)以鉴别组织。

偏振光：光是一种电磁波。自然光的光振动是各个方向的，都垂直于传播方向。如果使光的振动局限在一个方向上，其他方向的光振动被大大消减或被吸收，这种光被“线偏振光”，也称“全偏振光”，简称偏振光。

起偏镜：产生偏振光的偏光镜叫起偏镜。起偏镜多用尼科尔棱镜或人造偏振片制作。检偏镜：为了分辨光的偏振状态，在起偏镜后面加入同样一个偏光镜，它能鉴别起偏镜造成的偏振光。

当起偏镜和检偏镜互相平行，透过的光线最多，视场最亮。当起偏镜和检偏镜互相垂直处在正交位置时，线偏振光不能通过，产生消光现象，视场最暗。

13.2 装　置

光学显微镜可分为投射光显微镜及反射光显微镜两大类。透射光显微镜又可分为生物显微镜及偏光显微镜，主要是利用光波穿透待研究的物质来进行成像和观测的。反射光显微镜分为金相显微镜及矿相显微镜，主要是利用待研究物质的反射光来进行成像和观测。下面主要介绍偏光显微镜和金相显微镜。

(1) 偏光显微镜

偏光显微镜是研究透明晶体矿物切片光学性质的重要的光学仪器。偏光镜一个位于载物台下方，称为下偏光镜，也称为起偏镜；另一个位于物镜之上，称为上偏光镜，也可称为检偏镜或分析镜。透过二者出来的光波都是平面偏光，但通过上下偏光镜得到的偏光，其振动方向相互垂直。上下偏光镜可以单独或联合使用，只利用下偏光镜可形成单偏光系统，同时使用形成正交偏光系统，而在正交偏光的基础上加上勃氏镜就可形成锥光系统。利用这些装置，可以观察和测定在普通显微镜不能得到的晶体的许多光学特性。

(2) 金相显微镜

金相显微镜主要用来对金属和合金的组织进行观察和分析，其构造如图 13-3 所示。

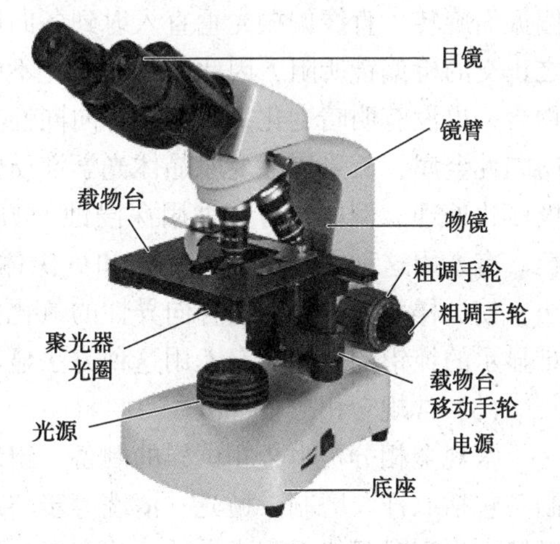

图 13-3　光学显微镜构造示意图

将被检物体置于集光器与物镜之间，平行的光线自反射镜折入集光器，光线经过集光器穿过透明的物体进入物镜后，即在目镜的焦点平面(光阑部位或附近)形成了一个初生倒置的实像。从初生实像射过来的光线，经过目镜的接目透镜而到达眼球。这时的光线已变成平行或接近平行光，再透过眼球的水晶体时，便在视网膜后形成一个直立的实像。

普通光学显微镜的构造主要包括光学系统和机械系统。光学系统主要包括物镜、目镜、集光器、彩虹光阑、反光镜和光源等。机械系统主要由镜座、镜臂、载物台、镜筒、物镜转换器和调节装置等组成。

13.3　分析方法

（1）偏振光在各向异性金属磨面上的反射

在正交偏振光下观察各向异性晶体。因光学各向异性金属在金相磨面上呈现的各颗晶粒的位向不同，即各晶粒的“光轴”位置不同，使各晶粒的反射偏振光的偏振面旋转的角度不同。通过检偏镜后，便可在目镜中观察到具有不同亮度的晶粒衬度。转动载物台，相当于改变了偏振方向与光轴的夹角。旋转载物台360°视场中可观察到四次明亮、四次暗黑的变化。这就是各向异性晶体在正交偏振光下的偏光效应。例如，在正交偏光下观察纯锌的组织。纯锌具有六方结构，是光学各向异性金属。试样经过磨制、抛光，不需浸蚀在显微镜下观察。在正交偏光下，可看到各个晶粒亮度不同，表征各晶粒位向的差别，晶内有针状的孪晶，颜色总与它所在的晶粒不同，说明其位向不同。转动载物台，会看到每个晶粒的亮度都在变化。如球铁中的石墨，属六方晶系。明场下，石墨是灰色的；在正交偏光下，石墨球明暗不同且呈放射状。转动载物台，石墨各处的亮度都在变化。盯住一处，可看到四次明暗变化。说明石墨是各向异性晶体。从中可看出在同一颗球状石墨上显示出不同的亮度，表征石墨球呈多晶结构。

（2）偏振光在各向同性金属磨面上的反射

各向同性金属在正交偏光下观察时，由于其各方向光学性质是一致的，不能使反射光的偏振面旋转，直线偏振光垂直入射到各向同性金属磨面上，因其反射光仍为直线偏振光被与之正交的检偏镜所阻，因此反射偏振光不能通过检偏镜，视场暗黑，呈现消光现象。旋转载物台，也没有明暗变化。这就是各向同性金属在正交偏光下的现象。若在正交偏光下研究各向同性金属，需采用改变原晶体光学性质的特殊方法来实现。常用的有深浸蚀或表面进行阳极极化处理。例如，有人采用深浸蚀的方法观察高碳镍-铬钢的针状马氏体和原奥氏体晶粒。有人用这种方法观察马氏体和贝氏体、低碳马氏体领域等。又如有人用阳极极化的方法，使试样表面形成一层各向异性的氧化膜，而膜的组成与下面的晶粒位向有关。来显示很难显示的纯铝的晶粒，有人用这种方法显示塑性变形的晶粒取向，形变织构等。

（3）常规金相分析

常规金相分析由金相试样的制备、组织的显示和组织的观察三个部分组成。金相试样的制备包括取样、磨制、抛光、清洗等步骤。经抛光后多数金相试样的表面近似于镜面，在显微镜下观察时只能看到光亮的一片亮区，不能看清试样的组织，必须进行组织的显示。常用的组织显示方法有三种，即化学浸蚀、电解浸蚀和金相组织的特殊显示法。其中特殊显示方法包括表面氧化法、化学染色法、阳极钝化法、阴极真空浸蚀法和气相沉积法。所谓组织的观察，是指对金属和合金内部具有的各种组成物的形貌进行观察，观察组成相的形状、大小、分布和相对量。

金相分析是金属材料试验研究的重要手段之一，采用定量金相学原理，由二维金相试样磨面或薄膜的金相显微组织的测量和计算来确定合金组织的三维空间形貌，从而建立合金成分、组织和性能间的定量关系。将计算机应用于图像处理，具有精度高、速度快等优点，可以大大提高工作效率。

13.4 应　　用

利用光学显微镜在单偏光下可以观察矿物的形态、晶形及自形程度；观察矿物的解理及解理夹角、矿物的颜色及多色性吸收性现象；根据轮廓、糙面的发育程度及突起等级判断矿物折射率的大致范围。在正交偏光镜下课以观察到矿物的干涉与消光现象，测定干涉级序、双折射率及最大双折射率；观测测定消光类型、消光角及延性符号。锥光镜下可以观察矿物的干涉图，测定矿物的轴性及光性。通过矿物的各种光学性质的测定，可以完成晶体矿物的镜下鉴定工作。

金相显微镜主要用于鉴别和分析各种金属、合金材料、非金属物质的组织结构。随着工业的发展，金相显微镜已广泛地应用于电子、化工和仪器仪表行业，用来观察不透明物质的表面现象进行研究分析等工作；芯片、印刷电路板、液晶板、线材、纤维、镀涂层以及其他非金属材料等，对一些表面状况进行研究分析等工作。金相显微镜观察金属组织的金相成分分布等，可得出产品的某些性能，如机械性能、产品生产中的缺陷，从而为生产提供建议，改进某些工艺流程。

第14章　扫描电子显微镜分析法

扫描电子显微镜(Scanning Electron Microscope，简称SEM)是继透射电镜之后发展起来的一种电镜。不同于透射电子显微镜利用电磁透镜放大成像，扫描电子显微镜利用细聚焦电子束在样品表面逐点扫描，与样品相互作用产生各种物理信号，这些信号经检测器接收、放大并转换成调制信号，最后在荧光屏上显示反映样品表面各种特征的图像。扫描电子显微镜具有景深大、图像立体感强、放大倍数范围大、连续可调、分辨率高、样品室空间大且样品制备简单等特点，是进行样品表面研究的有效分析工具。扫描电镜中可以同时组装其他观察仪器，如波谱仪、能谱仪、电子背散射衍射仪等，实现对试样的表面形貌、微区成分、相结构等方面的同步分析。

14.1　原　　理

14.1.1　工作原理

扫描电子显微镜是用聚焦电子束在试样表面逐点扫描成像。试样为块状或粉末颗粒，成像信号可以是二次电子、背散射电子或吸收电子。现以二次电子的成像过程来说明扫描电子显微镜的工作原理。如图14-1所示，由电子枪发射的能量为5~30keV的电子，以其交叉斑作为电子源，经二级聚光镜及物镜的缩小形成具有一定能量、一定束流强度和束斑直径的微细电子束，在扫描线圈驱动下，与试样表面按一定时间、空间顺序做栅网式扫描。聚焦电子束与试样相互作用，产生二次电子发射(以及其他物理信号)，二次电子发射量随试样表面形貌而变化。二次电子信号被探测器收集转换成电信号，经视频放大后输入到显像管栅极，调制与入射电子束同步扫描的显像管高度，得到反映试样表面形貌的二次电子像。

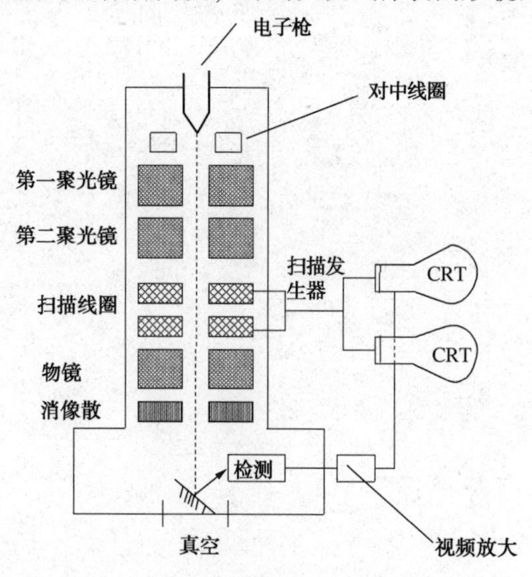

图14-1　扫描电镜工作原理示意图

14.1.2　表面成像衬度原理

由于样品表面各点的状态不同，因而电子束作用后产生的各种物理信号的强度也就不同，当采用某种电子信号为调制信号成像时，其阴极射线管上响应的各部位将出现不同的亮度，该亮度的差异即形成了具有一定衬度的某种电子图像。表面形貌衬度实际上就是图像上各像单元的信号强度差异。扫描电子显微镜常采用二次电子和背散射电子成像，下面将分别介绍其成像衬度原理。

（1）二次电子成像衬度

二次电子主要被用于分析样品的表面形貌。二次电子主要来自于样品的表层（5～10nm），当深度大于 10nm 时，因二次电子的能量低（<50eV）、扩散程短，无法达到样品表面，只能被样品吸收。

二次电子的产额与样品的原子序数没有明显关系，但对样品的表面形貌非常敏感。图 14-2 说明了样品表面和电子束相对位置与二次电子产额之间的关系。入射电子束垂直于平滑的样品表面即 $\theta=0°$时，此时产生二次电子的体积最小，产额最少；当样品倾斜时，此时入射电子束穿入样品的有效深度增加，激发二次电子的有效体积也随之增加，二次电子的产额增多。显然，倾斜程度愈大，二次电子的产额也就愈大。二次电子的产额直接影响了调制信号的强度，从而使得荧光屏上产生与样品表面形貌相对应的电子图像，即形成二次电子的形貌衬度。图 14-3 表示样品表面 4 个区域 A、B、C、D，相对于入射电子束，其倾斜程度依次为 $C>A=D>B$，则二次电子的产额 $i_c>i_a=i_d>i_b$。这样在荧光屏上产生的图像 C 处最亮。A、D 次之，B 处最暗。

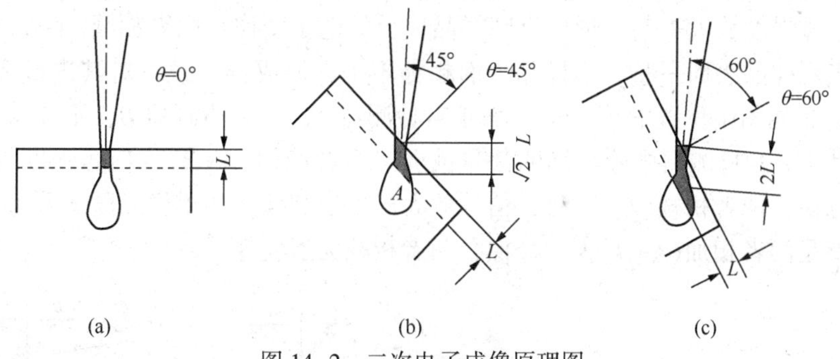

图 14-2　二次电子成像原理图

实际样品表面的形貌要比上面讨论的情况复杂得多，但是形成二次电子像衬度的原理是相同的。图 14-4 为实际样品中二次电子被激发的一些典型例子。从例子中可以看出，凸出的尖棱、小粒子以及比较陡的斜面处二次电子产额较多，在荧光屏上这些部位的亮度较大；平面上二次电子的产额较少，亮度较低；在深的凹槽底部虽然也能产生较多的二次电子，但这些二次电子不易被检测器收集到，因此槽底的衬度也会显得较暗。

（2）背散射电子成像衬度

背散射电子的产额主要与样品的原子序数和表面形貌有关，其中原子序数最为显著。背散射电子可以用来调制成多种衬度，主要有成分衬度、形貌衬度等。

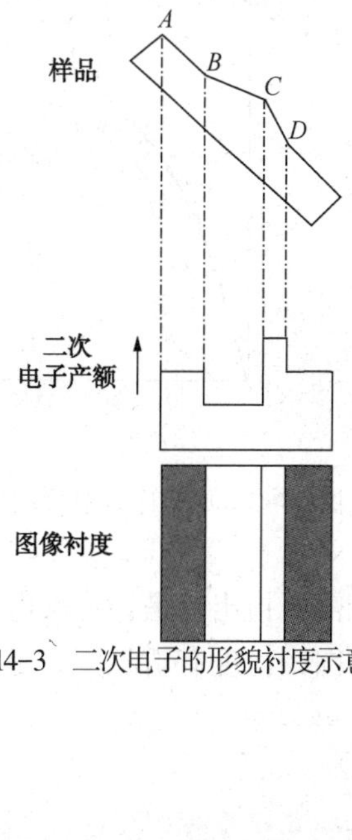

图 14-5 示出了原子序数对背散射电子产额的影响。在

样品
A
B
C
D
二次电子产额
图像衬度

图 14-3　二次电子的形貌衬度示意图

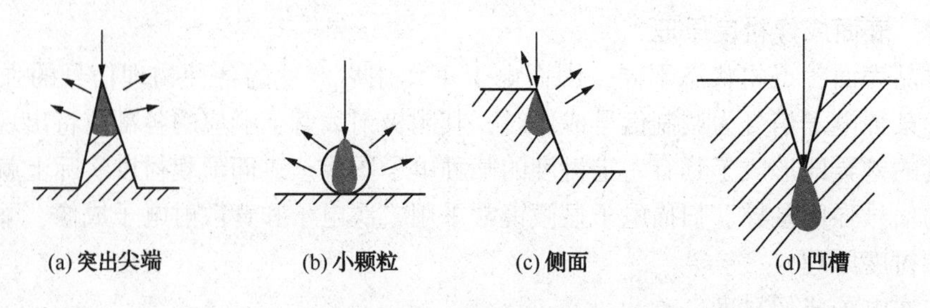

图 14-4　实际样品中二次电子的激发过程示意图

原子序数 $Z<40$ 时，背散射电子的产额对原子序数十分敏感，其产额随着原子序数的增加而增加。在进行分析时，样品表面原子序数高的区域，产生的背散射电子信号愈强，图像上对应部位的亮度就愈亮；反之，较暗。这就形成了背散射电子的成分衬度。

用背散射电子进行成分分析时，为了避免形貌衬度对原子序数衬度的干扰，被分析的样品只进行抛光，而不必腐蚀。对有些既要进行形貌分析又要进行成分分析的样品，可以采用一对检测器收集样品同一部位的背散射电子，然后把两个检测器收集到的信号输入计算机处理，通过处理可以分别得到放大的形貌信号和成分信号。图 14-6 即为这种背散射电子的检测示意图。A 和 B 为一对半导体 Si 检测器，对称分布于入射电子束的两侧，分别从两对称方向收集样品上同一点的背散射电子。当样品表面平整(无形貌衬度)，但成分不均，对其进行成分分析时，A、B 两检测器收集到的信号强度相同，见图 14-6(a)，两者检测相加 $(A+B)$ 时，信号强度放大 1 倍，形成反映样品成分的电子图像；两者相减 $(A-B)$ 时，强度为一水平线，表示样品表面平整。当样品表面粗糙不平，但成分一致，对其进行形貌分析时，见图 14-6(b)，如图中位置 P 时，倾斜面正对检测器 A，背向检测器 B，则 A 检测器收集到的电子信号就强，B 检测器中收集到的信号就弱。两者相加 $(A+B)$，信号强度为一水平线，产生样品成分像；两者相减 $(A-B)$ 时，信号放大产生形貌像。如果样品既成分不均，又表面粗糙时，仍然是两者相加 $(A+B)$ 为成分像，两者相减为形貌像。

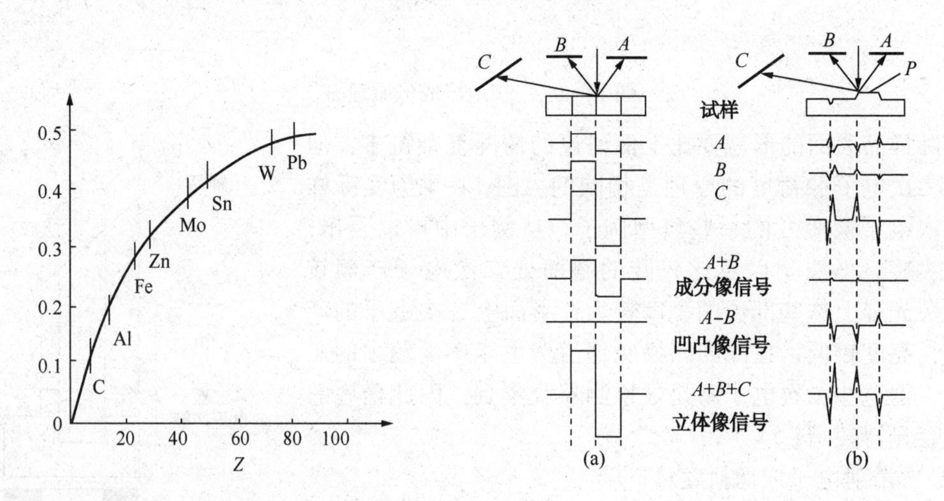

图 14-5　原子序数对背散射电子产额的影响　　图 14-6　半导体 Si 对检测器的工作原理图

需要指出的是，二次电子和背散射电子成像时，形貌衬度和原子序数衬度两者都存在，均对图像衬度有贡献，只是两者贡献的大小不同而已。二次电子成像时，像衬度主要取决于形貌衬度，而成分衬度微乎其微；背散射电子成像时，两者均可有重要贡献，并可分别形成形貌像和成分像。

14.2 扫描电镜的结构

扫描电镜主要由电子光学系统，信号检测处理、图像显示和记录系统及真空系统三个基本部分组成。其中电子光学系统是扫描电镜的主要组成部分。

14.2.1 电子光学系统

SEM 的电子光学系统主要由电子枪、电磁透镜、光栏、扫描线圈、样品室等组成。其作用是产生一个细的扫描电子束，照射到样品上产生各种物理信号。为了获得高的图像分辨率和较强的物理信号，要求电子束的强度高、直径小。

（1）电子枪

扫描电子显微镜的电子枪与透射电子显微镜的电子枪相似，只是加速电压比透射电子显微镜的低。扫描电子显微镜通常使用发叉式钨丝阴极三级式电子枪或场发射电子枪。

（2）电磁透镜

扫描电镜中的电磁透镜均不是成像用的，它们只是将电子束斑(虚光源)聚焦缩小，由开始的 50μm 左右聚焦缩小到数个纳米的细小斑点。电磁透镜一般有 3 个，前两个电磁透镜为强透镜，使电子束强烈聚焦缩小，故又称聚光镜。第三个电磁透镜(末级透镜)为弱透镜，除了汇聚电子束外，还能将电子束聚焦于样品表面的作用。末级透镜的焦距较长，这样可保证样品台与末级透镜间有足够的空间。方便样品以及各种信号探测器的安装。末级透镜又称为物镜。作用在样品上的电子束斑的直径愈细，相应的成像分辨率就愈高。若采用钨丝作阴极材料热发射时，电子束斑经聚焦后可缩小到 6 nm 左右，若采用六硼化镧作阴极材料热发射和场发射时，电子束直径还可进一步缩小。

（3）光栏

每一级电磁透镜上均装有光栏，第一级、第二级磁透镜上的光栏为固定光栏，作用是挡掉大部分的无用电子，使电子光学系统免受污染。第三级透镜(物镜)上的光栏为可动光缆，又称物镜光栏或末级光栏，它位于透镜的上下极靴之间，可在水平面内移动以选择不同孔径(100μm、200μm、300μm、400μm)的光栏。末级光栏除了具有固定光栏的作用外，还能使电子束入射到样品上的张角减小到 10^{-3}rad 左右，从而进一步减小电磁透镜的像差，增加景深，提高成像质量。

（4）扫描线圈

扫描线圈是扫描系统中的一个重要部件，它能使电子束发生偏转，并在样品表面有规则的扫描。扫描方式有光栅扫描和角光栅扫描两种，如图 14-7 所示。表面形貌分析时采用光栅扫描方式，见图 14-7(a)，此时电子束进入上偏置线圈时发生偏转，随后经下偏置线圈后再一次偏转，经过两次偏转的电子束汇聚后通过物镜的光心照射到样品的表面。在电子束第一次偏转的同时带有一个逐行扫描的动作，扫描出一个矩形区域，电子束经第二次偏转后同样在样品表面扫描出相似的矩形区域。样品上矩形区域内各点受到电子束的轰击，发出各种物理信号，通过信号检测和信号放大等过程，在显示屏上反映出各点的信号强度，绘制出扫描区域的形貌图像。如果电子束经第一次偏转后，未进行第二次偏转，而是直接通过物镜折射到样品表面，这样的扫描方式称为角光栅扫描或摆动扫描，见图 14-7(b)。显然，当上偏置线圈偏转的角度愈大，电子束在样品表面摆动的角度也就愈大。该种扫描方式应用很少，一般在电子通道花样分析中才被采用。

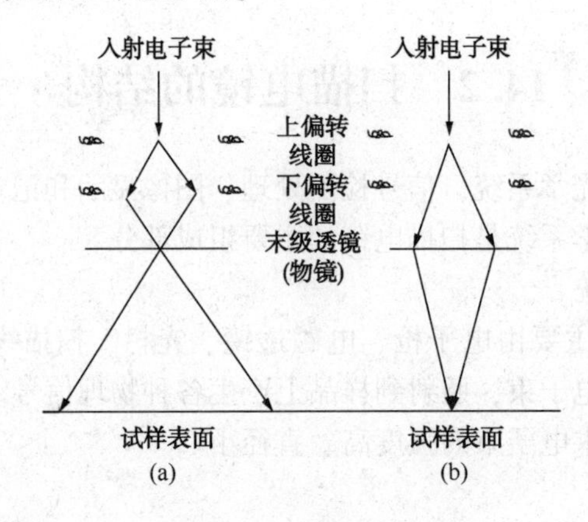

图 14-7　电子束的扫描方式

（5）样品室

样品室中除了样品台外，还要安置有多种信号检测器和附件。因此样品台是一个复杂的组件，不仅能夹持住样品，还能使样品进行平移、转动、倾斜、上升或下降等运动。目前，样品室已成了微型试验室，安装的附件可使样品升温、冷却，并能进行拉伸或疲劳等力学性能测试。

14.2.2　信号检测处理、图像显示和记录系统

（1）信号检测处理系统

信号检测和信号处理系统的作用是检测、放大转换电子束与样品发生作用所产生的各种物理信号，如二次电子、背散射电子、特征 X 射线、俄歇电子、透射电子等，形成用以调制图像或作其他分析的信号。不同的物理信号需要有不同的检测器来检测，二次电子、背散射电子、透射电子采用电子检测器进行检测，而特征 X 射线则采用 X 射线检测器进行检测。

SEM 上的电子检测器通常采用闪烁式计数器进行检测，基本过程是信号电子进入闪烁体后引起电离，当离子和自由电子复合后产生可见光，可见光通过光导管送入光电倍增器，经放大后又转化成电流信号输出，电流信号经视频放大器放大后就成为调制信号。

SEM 上的特征 X 射线的检测一般采用分光晶体或 Si(Li) 探头进行，通过检测特征 X 射线的波长和能量，进行样品微区的成分分析，检测器的结构和原理将在电子探针中介绍。

（2）图像显示和记录系统

该系统由图像显示和记录两部分组成，主要作用是将信号检测处理系统输出的调制信号转换为荧光屏上的图像，供观察或照相记录。由于扫描样品的电子束与显像管中的电子束同步，荧光屏上的每一个亮点是由样品上被激发出来的信号强度来调制的，当样品上各点的状态不同时，所产生的信号强度也就不同，这样在荧光屏上就能显示出一幅反映样品表面状态的电子显微图像。

随着计算机技术的发展与运用，图像的记录已多样化，除了照相外还可做拷贝、存储以及其他多种处理。

14.2.3 真空系统

真空系统的主要作用是提高灯丝的使用寿命，防止极间放电和样品在观察中受污染，保证电子光学系统的正常工作，镜筒内的真空度一般要求在 $1.33\times10^{-3}\sim1.33\times10^{-2}$ Pa 即可。

14.3 扫描电子显微镜在材料科学中的应用

（1）表面形态(组织)观察

二次电子衬度像的应用非常广泛，已成了显微分析最为有用的手段之一。图 14-8 是 45 钢450℃热浸镀锌的镀层组织形貌，ζ-$FeZn_{13}$块体和δ-$FeZn_{10}$颗粒均非常清晰，块的表面光滑，与集体的界面干净。

图 14-8　45 钢热浸镀锌镀层组织形貌

（2）断口形貌观察

二次电子衬度像也还可对样品的磨面形貌以及断裂过程进行记录和原位观察分析。由于其景深大，特别适用于各种断口形貌的观察分析，成像清晰、立体感强，并可直接观察，无需重新制样，这是其他设备都无法比拟的。图 14-9 是 Ni_3Si/Zn 扩散偶样品经掰开的断面形貌，扩散反应区形成了周期层片组织。结合 EDS 和 XRD 分析结果可知，周期层片对由单相层(γ-$NiZn_3$)和两相层(T-Ni_2Zn_3Si+γ-$NiZn_3$)组成。单相层中 γ-$NiZn_3$呈大的等轴晶状；两相层中 γ-$NiZn_3$呈小的等轴晶弥散分布于柱状的 T-Ni_2Zn_3Si 晶粒中。界面处的形貌经进一步放大后见图 14-10(b)，可以看出，靠近 Ni_3Si 基体的第一层组织由 T-Ni_2Zn_3Si 和 γ-$NiZn_3$两相组成；第一层和第二层两相层中间有部分小的等轴晶 γ 相($NiZn_3$)正在长大；在第二层两相层之后，长大的等轴晶连接成带状，将两相层组织分开，形成了完整的周期性层片对。

（3）背散射电子衬度像的应用

图 14-10 (a)是 Ti-Si-Sn 合金的背散射电子的成分衬度像，图中最亮色的为原子序数最大的 β-Sn。结合能谱仪对相的成分的分析以及 XRD 图谱[图 14-10(b)]对物相的鉴定可以确定，该合金的背散射电子显微图像中，颜色最暗的是 Ti_5Sn_3，中间浅灰色的是 Ti_6Sn_5。

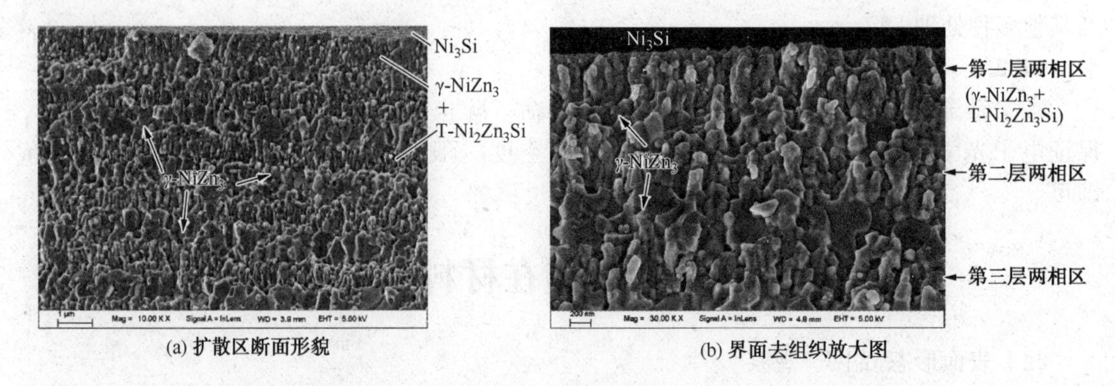

(a) 扩散区断面形貌　　(b) 界面去组织放大图

图 14-9　断口形貌

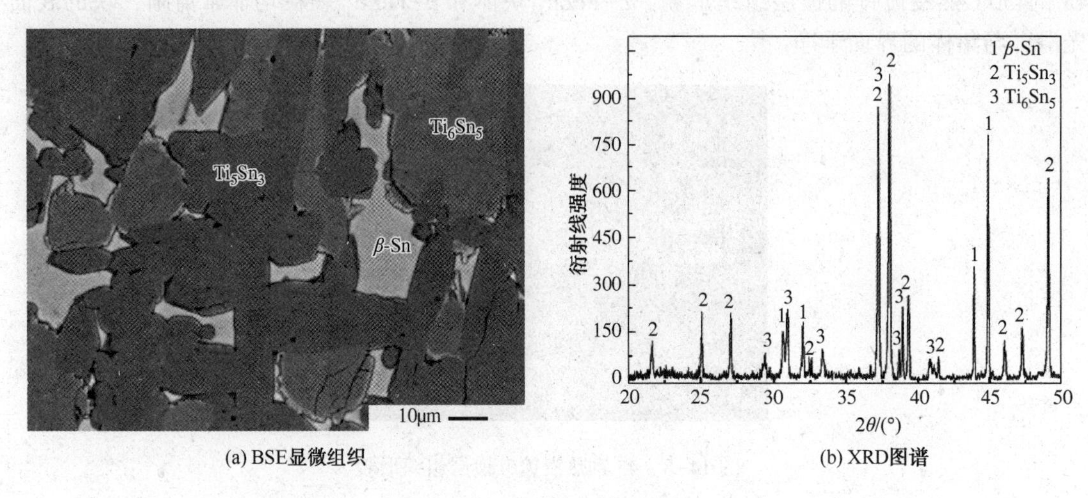

(a) BSE显微组织　　(b) XRD图谱

图 14-10　背散射电子衬度像

第 15 章　透射电子显微镜分析法

为了更好地了解和利用周围的事物和满足自身的求知欲望，人们很早就开始了对自然的研究，而研究通常都是从观察开始的。起初，这项任务由人眼来完成。但人眼能分辨的最小距离一般能达到 0.2mm 左右。后来出现的光学显微镜利用可见光作为照明束，由于受可见光波长范围(400~700nm)的限制，最大分辨率约 $\lambda/2$ 即 200nm 左右。为了突破分辨能力的极限，人们想到了以电子束作照明束，并于 20 世纪 30 年代制出第一台透射电子显微镜(Transmission Electron Microscopy，TEM)。普通的高分辨透射电子显微镜的分辨本领已达到原子尺度(埃级)。21 世纪电子显微学最激动人心的进展是配备球差矫正器的透射电镜的诞生，使人们对物质结构的观察进入亚埃时代。此外，电子束与样品作用可以产生重要的有关样品微观结构的其他信息，使透射电子显微镜成为研究物质微观结构的最强有力的手段之一(图 15-1)。

(a) JEOL2010型

(b) JEM-ARM200F型

图 15-1　先进透射电镜仪器

15.1　透射电子显微镜工作原理及构造

15.1.1　电镜工作原理

透射电子显微镜在成像原理上与光学显微镜类似，如图 15-2 所示。不同之处在于透射电子显微镜采用磁透镜聚焦照明束。因为电子束的波长极短，同时与观察样品作用遵从布拉格方程，产生衍射现象，使得透射电镜自身在具有高的像分辨本领的同时兼有结构分析的功能。

其成像基本过程如下：阴极发射电子→阳极加速→聚光镜会聚→作用于样品→物镜放大→中间镜放大→投影镜放大→荧光屏成像→照相记录。图 15-3、图 15-4 是铂纳米块和 Pt/NiFe(OH)$_x$ 纳米颗粒的高分辨透射电镜图像。

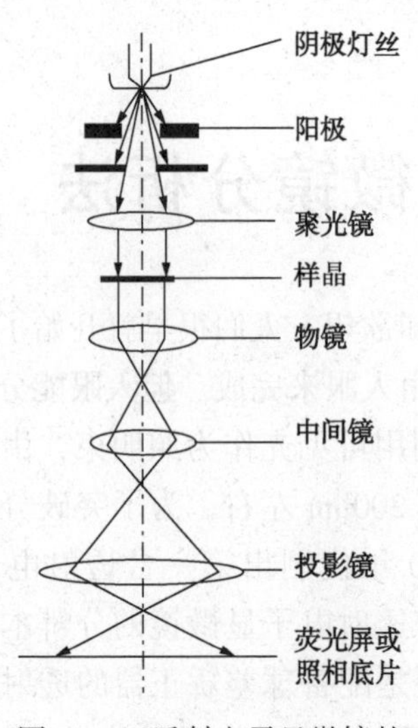

图 15-2　透射电子显微镜的光路原理示意图

图 15-3　铂纳米块颗粒高分辨透射电子显微（HRTEM）图像

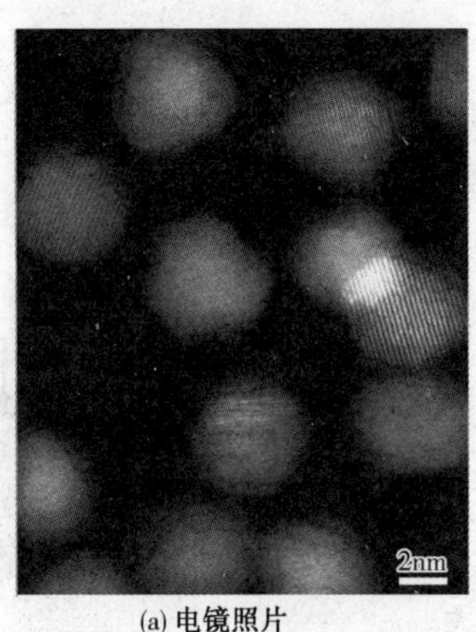

(a) 电镜照片

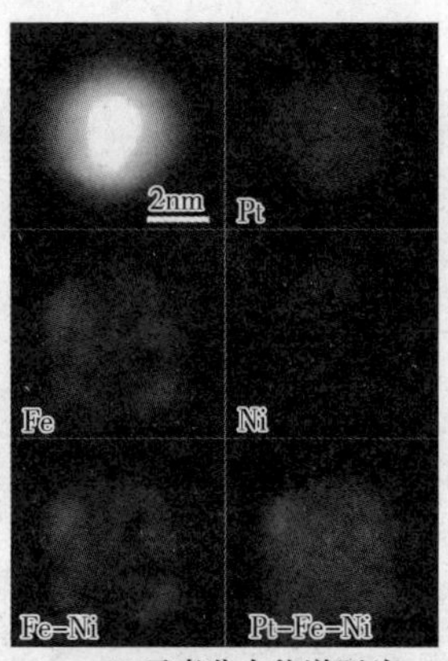

(b) 元素分布能谱照片

图 15-4　Pt/NiFe(OH)$_x$ 纳米颗粒球差校正扫描透射显微图像

15.1.2　电镜构造与关键元件

透射电子显微镜的主要构造单元及作用如图 15-5 所示。

下面简单介绍聚焦、照明、成像系统等关键元件：

（1）电磁透镜

能使电子束聚焦的装置称为电子透镜，静电场和磁场都能对电子束起聚焦的作用，但磁透镜综合效果优于静电透镜，所以在电子显微镜中广泛采用电磁透镜。它通过调节电磁线圈的激磁电流可以很方便地调节磁场强度，从而调节透镜焦距和放大倍数。

电磁透镜的点分辨率 $d=0.65Cs^{1/4}\lambda^{3/4}$（$Cs$ 为透镜球差系数；λ 为照明电子束波长），高分辨条件下 d 可达约 0.08 nm。

（2）电子枪与聚光镜

电子枪与聚光镜的主要作用是提供亮度高、相干性好、束流稳定的照明电子束。电子显微镜使用的电子源有两类：一类为热电子源，即在加热时产生电子如钨丝和六硼化镧晶体；

另一类为场发射源，即在强电场作用下产生电子。针对不同样品，电子枪发射出的电子可以选择不同的阳极加速电压(金属、陶瓷多采用120kV、200kV，生物样品采用80~100kV)。必须指出的是电子束的穿透样品能力很弱(比X射线弱很多)，所以被观察的样品必须很薄，其厚度与样品成分、阳极加速电压有关，一般小于200nm。

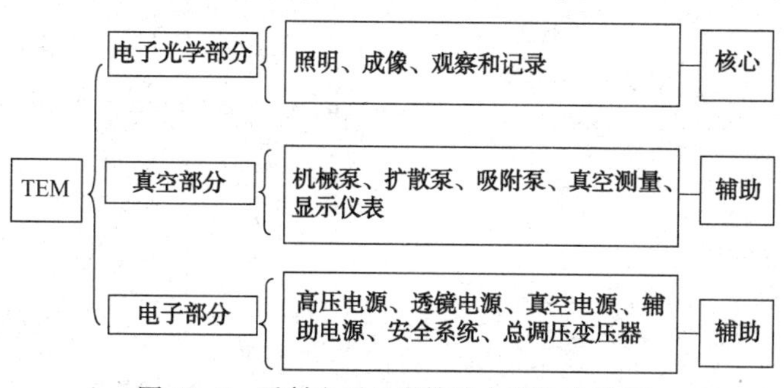

图15-5　透射电子显微镜的主要构造单元

(3) 成像系统

透射电子显微镜成像系统由物镜、中间镜和投影镜组成。它的两个基本操作是将显微图像或衍射花样投影到荧光屏上，如图15-6所示。

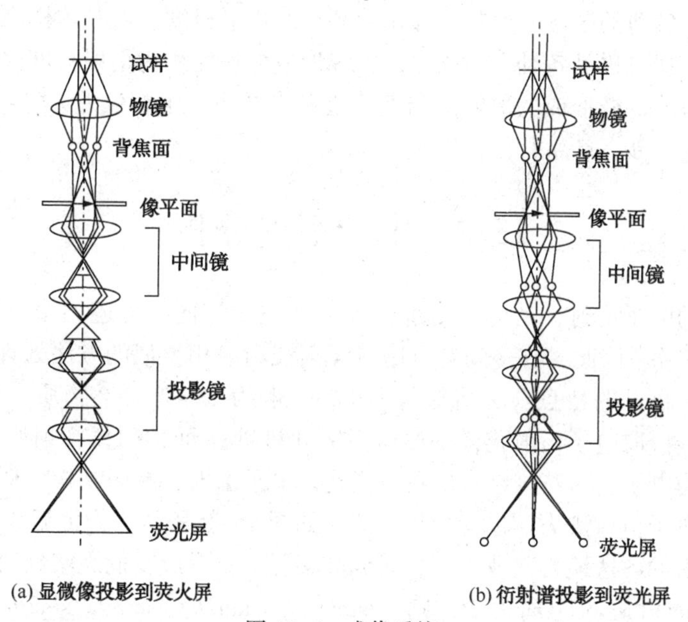

图15-6　成像系统

15.2　透射电子显微镜基本操作及像衬度

无论是晶体样品还是非晶样品，在其选区衍射谱上必存在一个由直射电子束形成的中心亮点和一些散射电子斑。通过在物镜的背焦面上插入物镜光栏，我们既可以选择直射电子也可以选择部分散射电子成像。选用直射电子形成的像称为明场像(bright field imaging)，选用散射电子的称为暗场像(dark field imaging)。为了获得高质量的暗场像，人们通常采取所谓“中心暗场成像”(centered dark-field imaging)，即将入射电子束反向倾斜一个相应的散射角度，而使散射电子沿光轴传播，如图15-7所示。

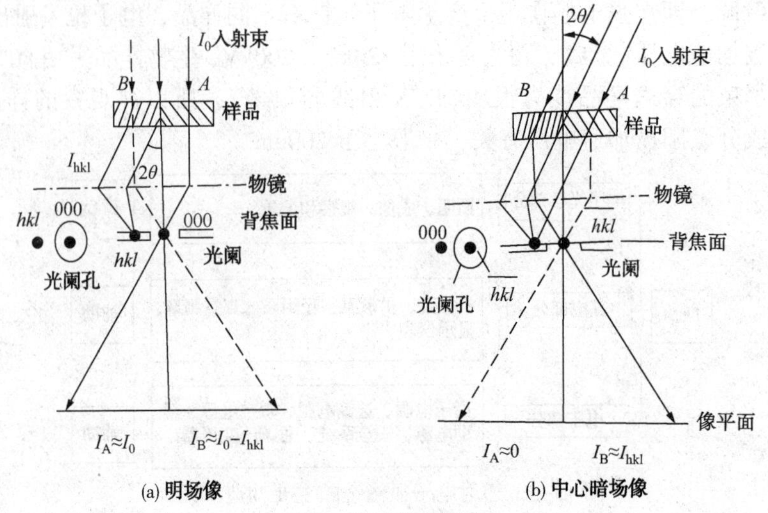

图 15-7　明暗场像

像的衬度是指透射电子显微镜图像上不同区域间明暗程度的差别。产生的原因主要有三类：①散射衬度(质量-厚度衬度)，原子序数较高或样品较厚的区域，照片上显示较黑；原子序数较低或样品较薄的区域，照片上显示较亮；②衍射衬度，对晶体样品由于不同的晶体取向和结构振幅，造成样品各处衍射强度的差异形成的衬度称为衍射衬度；③相位衬度，入射电子波穿过极薄的试样形成的散射波和直接透射波之间产生相位差，经物镜的会聚作用，在像平面上会发生干涉，产生相位衬度。

15.3　电子衍射分析

透射电镜中的电子衍射，其衍射几何与 X 射线完全相同，都遵循布拉格方程所规定的衍射条件和几何关系。因此，许多问题可用与 X 射线衍射相类似的方法处理，即 $2d\sin\theta=\lambda$。同时电子衍射又有自己的特点：①衍射角很小，一般为 1°～2°。②物质对电子的散射作用强，电子衍射强，摄取电子衍射花样的时间只需几秒钟，而 X 射线衍射则需数小时；③晶体样品的显微像与电子衍射花样结合，可以作选区电子衍射，是微结构分析的强有力工具。

下面以单晶电子衍射谱为例进行简单介绍，如图 15-8 所示。物镜后焦面上形成一幅斑点花样经物镜下面的各透镜再次放大后投射到观察屏上，形成我们观察到的衍射花样。设观察屏上衍射斑距透射斑的距离为 R，则 $2d\sin\theta=\lambda$，$\tan2\theta\approx\sin2\theta$，$\sin2\theta\approx 2\sin\theta$，因为 θ 很小。

$$d\cdot\tan2\theta=\lambda \tag{15-1}$$

$$\tan2\theta=R/L \tag{15-2}$$

$$d\cdot R/L=\lambda \tag{15-3}$$

$$d\cdot R=L\cdot\lambda\ (\text{电子衍射计算的基本公式}) \tag{15-4}$$

$K=L\cdot\lambda$，称为相机常数，每台电镜都有自己的相机常数，通常可以利用金膜衍射花样或利用已知晶体结构单晶体的衍射花样测定。

图 15-9 是磷化镓(GaP)单晶纳米线的形貌和电子衍射花样图。

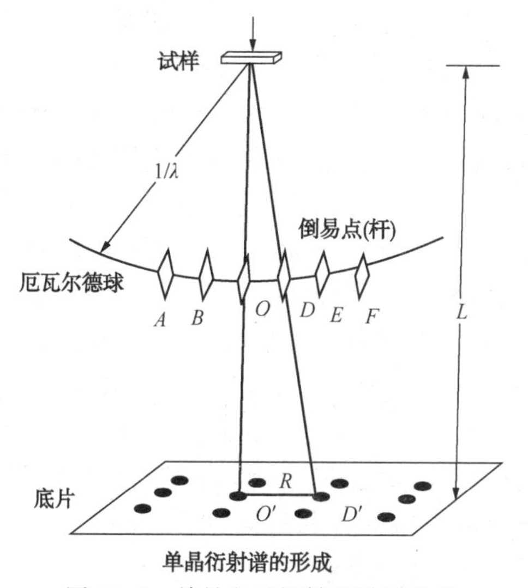

图 15-8　单晶电子衍射花样的形成

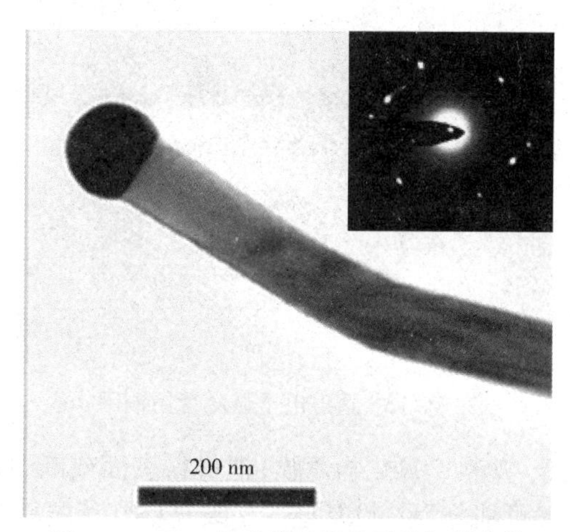

图 15-9　GaP 纳米线的形貌及其衍射花样

接下来我们了解常见的几种电子衍射谱：①单晶体的衍射斑点花样，是一系列按一定几何图形分布、排列规则的衍射斑点，反映单晶结构的对称性；②多晶体的环形花样，是一系列不同半径的同心圆环，圆环半径 $R=L\lambda/d$；③无定形、非晶试样，一般是弥散环(图 15-10、图 15-11)。对应单晶体电子衍射花样的标定的方法有指数直接标定法、比值法(偿试—校核法)、标准衍射图法；多晶体电子衍射花样的标定方法可以通过 R^2 比值确定环指数和点阵类型(适用立方晶系)。

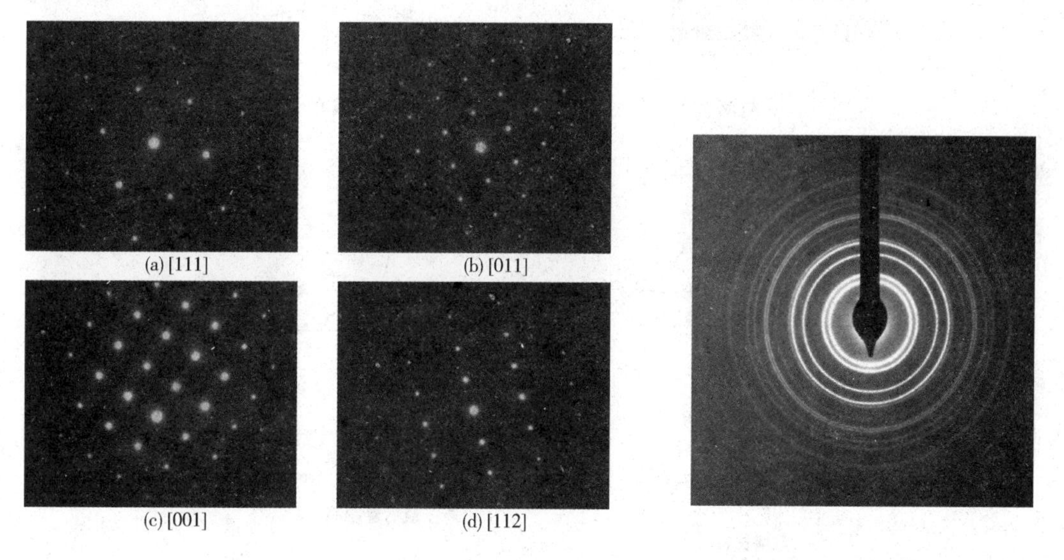

图 15-10　不同入射方向的 c-ZrO_2单晶衍射斑点　　图 15-11　NiFe 多晶纳米薄膜的电子衍射花样

15.4　透射电子显微分析样品制备

能否充分发挥电镜的作用，样品的制备是关键，必须根据不同仪器的要求和试样的特征选择适当的制备方法。对于 TEM 常用的 50～200kV 电子束，样品厚度一般控制在 100～

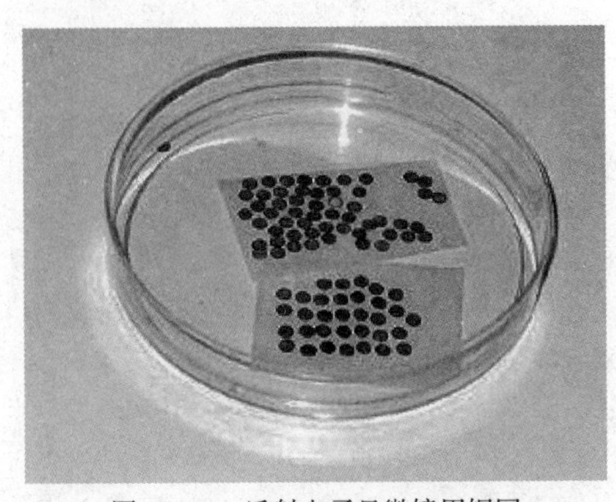

图 15-12　透射电子显微镜用铜网

200nm左右。主要方法包括：支持膜法（适用于粉末样品），将试样载在支持膜（非晶碳膜）上，再用铜网（直径约 2mm）承载，装入样品台，放入样品室进行观察。支持膜的作用是支撑粉末试样，铜网的作用是加强支持膜，如图 15-12 所示。晶体薄膜法（适用块状材料样品），通过减薄手段制成对电子束透明的薄膜样品。主要步骤是“一切二磨三减薄”，如图 15-13 所示。复型法（不能直接观测样品的情形），在电镜中易起变化的样品和难以制成薄膜的试样采用此方法。用对电子束透明的薄膜（碳、塑料、氧化物薄膜）把材料表面或断口的形貌复制下来的一种间接样品制备方法。具体又可细分为一级复型、二级复型、萃取复型等如图 15-14 所示。

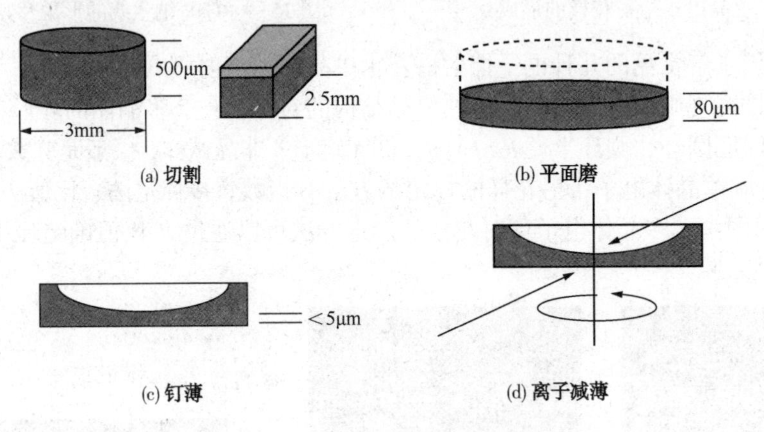

图 15-13　块状样品的减薄过程

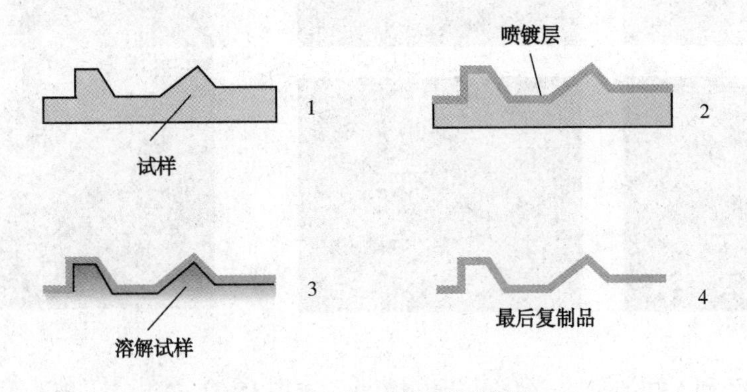

图 15-14　碳一级复型示意图

生物样品的电镜观察的样品，一般为 500Å 左右的超薄切片。样本的制备过程通常包括固定、脱水、包理、超薄切片和电子染色等步骤。常用的包理剂是环氧树脂、染色剂是醋酸铀或枸橼酸铅，以增强细胞结构间的色彩反差。

第 16 章　原子力显微镜分析法

1986 年的诺贝尔物理奖授予发明扫描隧道显微镜（STM）的 IBM 研究实验室的两位科学家 Gerd Binnig 和 Heinrich　Rohrer，人类由此获得原子尺度分辨的表面图像的能力和原子操纵的能力，极大地促进了相关学科的发展。但由于扫描隧道显微镜对绝缘体样品无能为力，为此，Binnig、Quate、Gerber 等人在 1986 年又发明了类似于 STM 的原子力显微镜（Atomic Force Microscopy，AFM）。原子力显微镜是依靠测量探针和样品表面的作用力来成像的。平衡状态下的原子间距为 2~3Å，小于这个间距产生排斥短程力，大于这个间距时产生吸引力。（图 16-1）主要的原子间作用力有范德华力、排斥力、附着力、摩擦力、表面张力等。

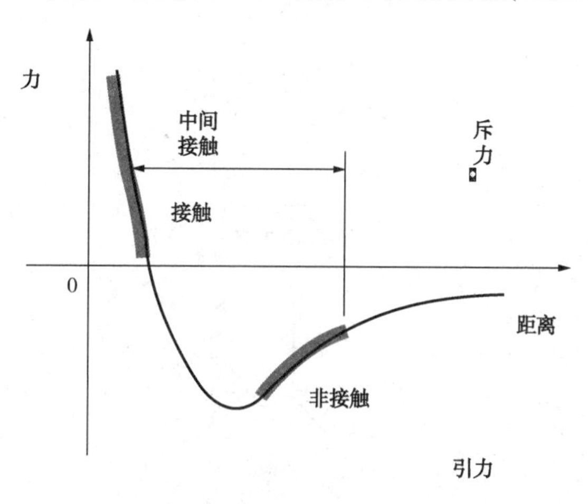

图 16-1　原子间作用力与相对距离关系

由于原子间的作用力是普遍存在的，原子力显微镜不仅可以对导体进行探测，对于不具有导电性的生物组织、生物材料和聚合物材料等绝缘体也可以探测（图 16-2），图 16-2（b）中黑色曲线代表氧化石墨烯厚度分布情况。同时，AFM 还可以在气体、液体、高低温、真空或控制气氛下工作，应用范围及其广泛。

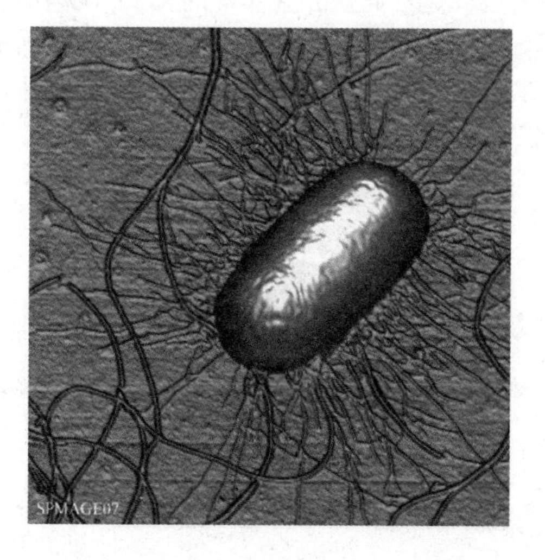

(a) 30nm大肠埃希杆菌原子力显微镜照片

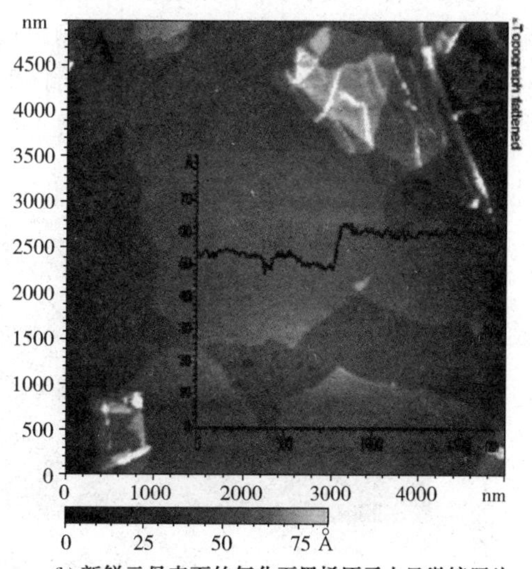

(b) 新鲜云母表面的氧化石墨烯原子力显微镜照片

图 16-2　原子显微照片

16.1 原子力显微镜的工作原理

如图 16-3 所示，AFM 是用一个一端装有探针，另一端固定的弹性微悬臂来检测样品表面信息的。当探针扫描样品时，与样品和探针距离有关的相互作用力作用在针尖上，使微悬臂发生形变。AFM 系统就是通过检测这个形变量，从而获得样品表面形貌及其他表面相关信息。样品的扫描移动是通过底座的压电陶瓷扫描器来实现的。

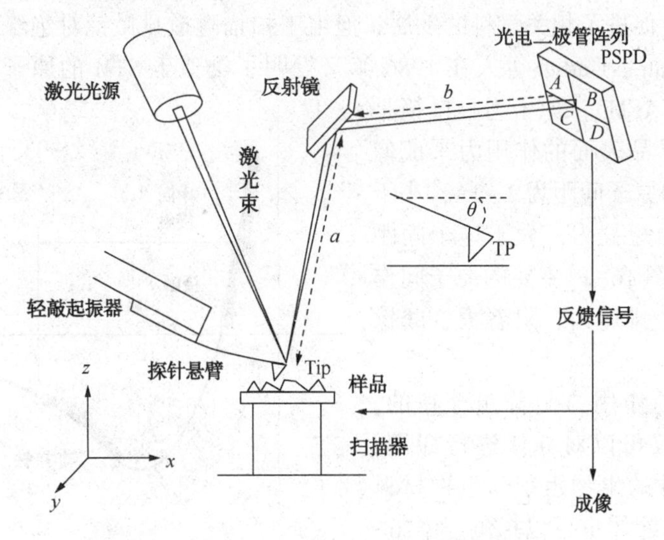

图 16-3　原子力显微镜工作原理图

AFM 的微悬臂绵薄而修长，当对样品表面进行扫描时，针尖与样品之间力的作用会使微悬臂发生弹性形变，针尖碰到样品表面时，很容易弹起和起伏，它非常的灵敏，极小的力的作用也能反应出来。也就是说如果检测出这种形变，就可以知道针尖-样品间的相互作用力，从而得知样品的形貌。AFM 的微悬臂和探针一般采用半导体光刻、腐蚀等方法制造，有时为了赋予仪器新的功能，会给探针镀上金刚石、氮化硅或磁性薄膜等(图 16-4)。

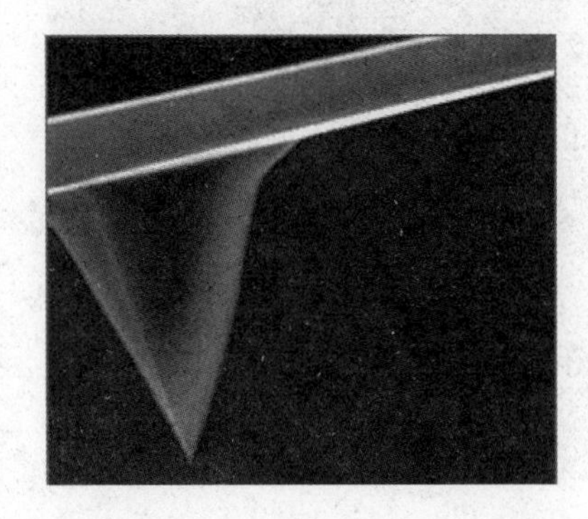

图 16-4　悬臂和探针的扫描电镜照片

微悬臂形变的检测方法一般有电容、隧道电流、外差、自差、激光二极管反馈、偏振、光束偏转等方法。1988 年，Meyer 、Amer 发明的光束偏转方法是采用最多的方法，也是批量生产的商业化原子力显微镜所采用的方法。

16.2 原子力显微镜的主要工作模式

原子力显微镜有多种工作模式，常用工作模式包括：接触模式、非接触模式和轻敲模式等。

（1）接触模式

作用力在斥力范围，力的量级为 $10^{-9} \sim 10^{-8}$ N，可达到原子级分辨率。在接触模式中，针尖始终和样品接触进行扫描。通常情况下，接触模式都可以产生稳定的，分辨率高的图像。但该模式不适合研究生物大分子、低弹性模量的样品以及容易变形和移动的样品。

（2）非接触模式

作用力在引力范围包括范德华力、静电力或磁力等。在该模式下，针尖在样品表面上方振动，始终不与样品接触，探测器检测的是范德华作用力和静电力等对成像样品没有破坏的长程作用力。由于针尖和样品的距离比较远，图像分辨率比接触模式和轻敲模式都低，实验操作相对较难。

（3）轻敲模式

微悬臂在其共振频率附件做受迫振动，震荡的针尖轻轻敲击样品表面，间断地和样品接触。当针尖和样品不接触时，微悬臂以最大振幅自由振荡，当针尖和样品接触时，由于空间阻碍效应使微悬臂振幅减小。反馈系统控制微悬臂的振幅恒定，针尖随样品表面的起伏上下移动获得形貌信息。轻敲模式的图像分辨率和接触模式一样好，而且由于接触时间非常短暂，针尖与样品的相互作用力很小，剪切力引起的分辨率的降低和对样品的破坏几乎消失，所以适用于对生物大分子、聚合物等软样品进行成像研究。同时，该模式在大气和液体环境下都可以实现，特别是在液体中由于液体的阻尼作用，使得针尖与样品剪切力更小，对样品破坏更小，使其适用于生物活体样品的原位观察和检测等。

提高原子力显微镜成像质量和分辨率的主要方法如下：

① 从硬件设备和成像机理上提高成像分辨率，如 Q 控制技术可以提高图像分辨率和信噪比，或采用力调制或频率调制模式提高成像的分辨率。

② 选择尖端曲率半径小的针尖，减小针尖、样品接触面积，减小针尖的放大效应，提高分辨率。

③ 量避免针尖、样品污染。如果有污染会造成针尖、样品多点接触，出现多针尖现象，造成假象。

④ 控制测试气氛，消除毛细作用力的影响。在空气中进行成像，由于毛细作用力的存在，会造成针尖、样品接触面积变大，分辨率降低。

16.3 原子力显微镜的应用

原子间的作用力是普遍存在的，原子力显微镜不仅可以对导体进行检测，对于不导电的组织、生物材料、聚合物材料等绝缘体同样适用。因此，应用范围极为广泛。例如：

① 在物理学、电学中，可以研究金属和半导体的表面形貌、表面重构、表面电子态、电荷密度等。

② 在微观邻域、可以实现纳米尺度上摩擦、润滑、磨损、摩擦化学反应等方面的研究，

特别是硅晶圆制造过程的研究。

③ 在电化学邻域，可以实现原位电化学研究，对界面结构的表征，动力学等方面加以研究。

④ 在聚合物分子、LB 膜、生物样品中的应用也很普遍。

下面以改进的原子力显微镜-磁力显微镜(Magnetic force microscopy ，MFM)为例简单介绍如何利用磁力显微镜观察计算机硬盘的磁道(图 16-5)。

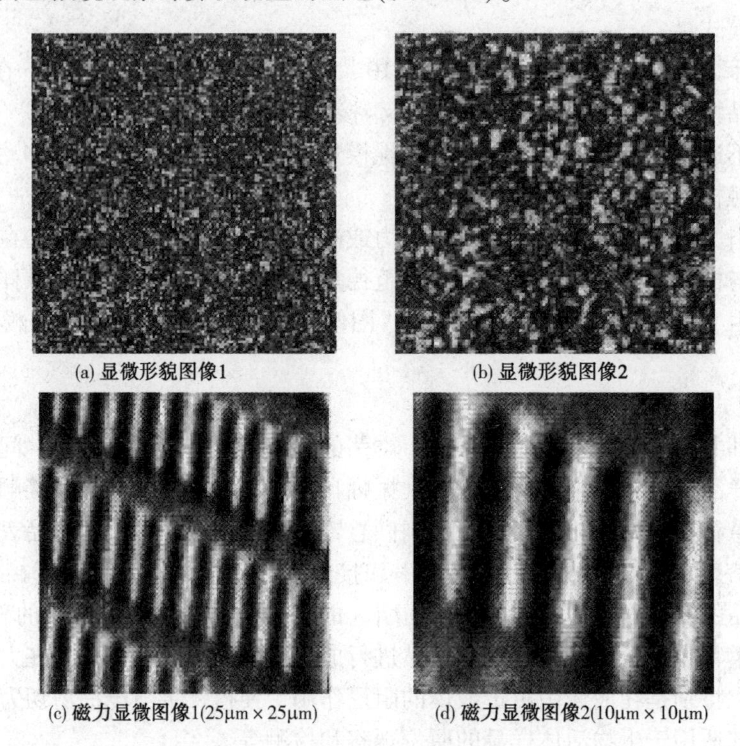

图 16-5　Maxtor 硬盘显微形貌图像

磁力显微镜首先将原子力显微镜针尖上镀上一层铁磁性的薄膜，如镍膜等，然后以非接触模式检测，由于样品磁场变化造成的悬臂共振频率的变化，非常适合用来研究天然或人工磁系统。

图 16-5(d)为$(10\times10)\,\mu m^2$ 有 5bit，其面积密度为 5/100 bits/μm^2，又因为 1byte = 8bits 的面积密度为 5/800 bytes/μm^2。

设磁盘的物理面积为$(8\times10)\,cm^2$，则有

$$5/800\text{bytes}/\mu m^2\times80(10^4)^2=50\times10^6\text{bytes}=50\text{MB}$$

所以该硬盘的容量为 50MB，当然目前商品硬盘的存储密度远高于此。

第 17 章　电子探针分析法

电子探针 X 射线显微分析仪，简称电子探针(Electron Probe MicroAnalysis，EPMA)，是进行微区成分分析的仪器。其原理是用细聚焦电子束入射样品表面，激发出样品元素的特征 X 射线，分析特征 X 射线的波长(或特征能量)即可知道样品中所含元素的种类(定性分析)，分析 X 射线的强度，则可知道样品中对应元素含量的多少(定量分析)。电子探针的结构与扫描电镜基本相同，所不同的只是电子探针检测的是特征 X 射线，而不是二次电子或背散射电子，因此，电子探针可与扫描电镜融为一体。在扫描电镜的样品室配置检测特征 X 射线的谱仪，即可形成多功能于一体的综合分析仪器，实现对微区进行形貌、成分的同步分析。

17.1　电子探针的结构

图 17-1 为电子探针的结构示意图。由图可知，电子探针的镜筒及样品室和扫描电镜并无本质上的差别，因此要使仪器同时兼有形貌分析和成分分析两个方面的功能，往往把扫描电子显微镜和电子探针组合在一起。

电子探针的信号检测系统是 X 射线谱仪，用来测定特征波长的谱仪叫做波长分散谱仪(WDS)或波谱仪。用来测定 X 射线特征能量的谱仪叫做能量分散谱仪(EDS)或能谱仪。

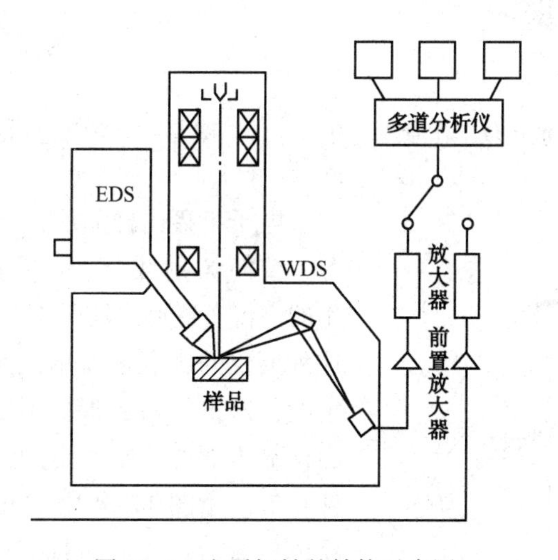

图 17-1　电子探针的结构示意图

17.2　电子探针的工作原理

17.2.1　波长分散仪器

波谱仪是通过晶体对不同波长的特征 X 射线进行展谱、鉴别和测量的。主要由分光系统和信号检测系统组成。分光系统的主要器件是分光晶体，其工作原理如图 17-2 所示。

在电子探针中 X 射线是由样品表面以下一个微米乃至纳米数量级的作用体积内激发出来的，如果这个体积中含有多种元素，则可以激发出各个相应元素的特征波长 X 射线。分光晶体为已知晶面间距 d 的平面单晶体，当入射 X 射线的波长、入射角和晶面间距三者符合布拉格方程 $2d\sin\theta=\lambda$ 时，这个特征波长的 X 射线就会发生强烈衍射。若面向衍射束安置一个接收器，便可记录下不同波长的 X 射线。图中右方的平面晶体成为分光晶体，它可以使样品作用体积内不同波长的 X 射线分散并展示出来。

虽然平面单晶体可以将样品产生的多种波长的 X 射线分散展开，但就收集单波长 X 射线的效率来看是非常低的。为此，需对分光晶体进行适当的弯曲，以聚焦统一波长的特征 X 射线。根据弯曲程度的差异，通常有约翰(Johann)和约翰逊(Johannson)两种分光晶体。图 17-3 是第二种分光晶体聚焦示意图，可以看出，当分光晶体的曲率半径为聚焦圆半径时，从点光源发射来的同一波长的特征 X 射线，衍射后可完全聚焦于点 D。

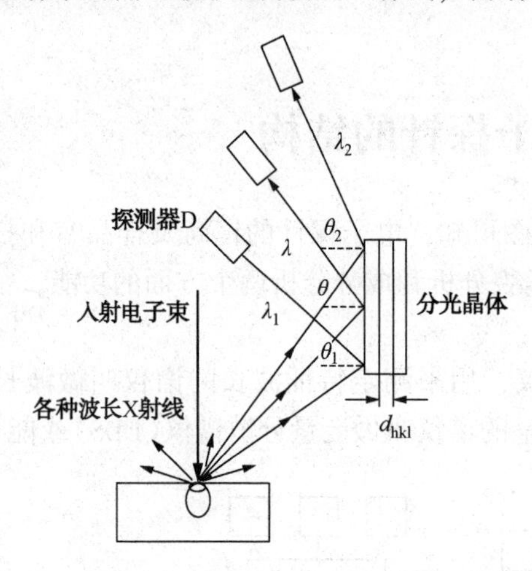

图 17-2　波谱仪工作原理示意图

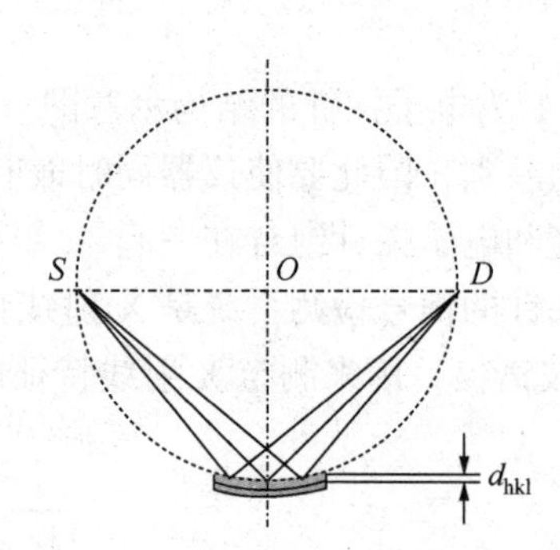

图 17-3　约翰逊(Johannson)分光晶体

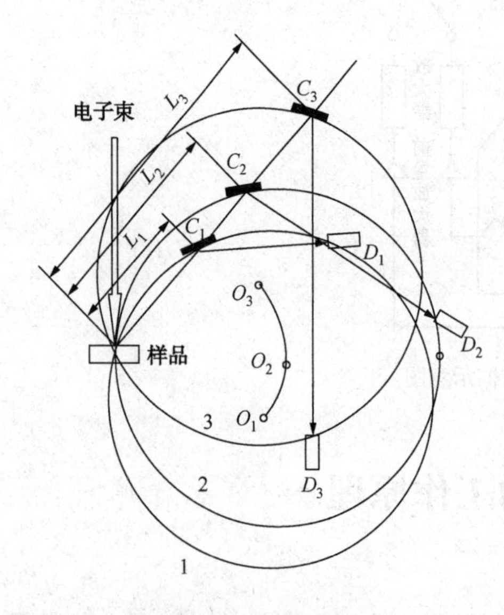

图 17-4　直进式波谱仪

电子束轰击样品后，被轰击的微区就是 X 射线源。要使 X 射线分光、聚焦，并被检测器接收，常用的谱仪布置形式是直进式，其工作原理图见图17-4。这种谱仪的优点是 X 射线照射分光晶体的方向是固定的，即出射角 ψ 保持不变，这样可以使 X 射线穿出样品表面过程中所走的路线相同，也就是吸收条件相等。由图 17-4 中的几何关系分析可知，分光晶体位置沿直线运动时，晶体本身应产生相应的转动，使不同波长 λ_1、λ_2 和 λ_3 的 X 射线以 θ_1、θ_2 和 θ_3 的角度入射，在满足布拉格条件的情况下，位于聚焦圆周上协调滑动的检测器都能接收到经过聚焦的波长为 λ_1、λ_2 和 λ_3 的衍射线。以图中 O_1 为圆心的圆为例，直线 SC_1 长度用 L_1 表示，$L_1=2R\sin\theta_1$。L_1 是从点光源到分光晶体的距离，它可以在仪器上直接读得，因为聚焦圆的半径 R 是已知的，所以从测出的 L_1 便可求出 θ_1，然后再根据布拉格方程 $2d\sin\theta=\lambda$，因分光晶体的晶面间距 d 是已知的，故可计算出和 θ_1 相对应的特征 X 射线波长 λ_1。把分光晶体从 L_1 变化至 L_2 或 L_3(可通过仪器上的手柄或驱动电机，使分光晶体沿出射方向直线移动)，用同样方法可求得 θ_2、θ_3 和 λ_2、λ_3。

分光晶体直线运动时，检测器能在几个位置上接收到衍射束，表明试样被激发的体积内存在着相应的几种元素。衍射束的强度和元素含量成正比。

实际测量时，θ 一般在 15°~65°，$\sin\theta<1$，聚焦圆半径 R 为常数(20cm)，故 L 的变化范围有限，一般仅为 10~30cm。目前，电子探针波谱仪的检测元素范围是原子序数为 4 的 Be 到原子序数为 92 的 U，为了保证顺利检测该范围内的每种元素，就必须选择具有不同面间距 d 的分光晶体来满足，因此，直进式波谱仪一般配有多个分光晶体供选择使用。常用的分光晶体及其特点见表 17-1。

表 17-1　常用的分光晶体

晶体名称	衍射晶面	晶面间距 $2d$/nm	检测波长范围/nm	分析元素范围		
				K 系	L 系	M 系
氟化锂(LiF)	(200)	0.402	0.087~0.35	20~36	51~92	
季戊四醇(PET)	(002)	0.875	0.189~0.76	14~25	37~65	72~83 90~92
邻苯二甲酸氢钾(KAP)	(100)	2.66	0.69~2.3	9~14	24~37	47~74
邻苯二甲酸氢铊(TlAP)	(100)	2.595	0.581~2.33	9~15	24~40	57~78
硬脂酸铅(STE)	皂膜	9.8	2.2~8.5	5~8	20~23	
二十六烷酸铅(CEE)	皂膜	13.7	3.5~11.9	4~7	20~22	

17.2.2　能谱仪

电子探针能谱仪是通过检测特征 X 射线的能量，来确定样品微区成分的。图 17-5 为采用锂漂移硅检测器能量谱仪的方框图。X 射线光子由锂漂移硅 Si(Li)检测器收集，当光子进入检测器后，在 Si(Li)晶体内激发出一定数目的电子-空穴对。产生一个空穴对所需的最低能量 ε 是一定的，因此由一个 X 射线光子造成的电子-空穴对的数目为 N。入射 X 射线光子的能量越高，N 就越大。利用加在晶体两端的偏压收集电子-空穴对，经前置放大器转换成电流脉冲，电流脉冲的高度取决于 N 的大小，电流脉冲经放大器转换成电压脉冲进入多道脉冲高度分析器。脉冲高度分析器按高度把脉冲分类并进行计数，这样就可以描出一张特征 X 射线按能量大小分布的图谱。图 17-6(a)、图 17-6(b)分别为电子探针能谱图和波谱图。

17.2.3　能谱仪与波谱仪的比较

能谱仪与波谱仪相比具有以下优缺点。

优点：

① 探测效率高。Si(Li)探头可靠近样品，特征 X 射线直接被收集，不必通过分光晶体的衍射，故探测效率高，甚至可达 100%，而波谱仪仅有 30%。为此，能谱仪可采用小束

流，空间分辨率高达纳米级，而波谱仪需采用大束流，空间分辨率仅为微米级，此外大束流还会引起样品和镜筒的污染。

② 灵敏度高。Si(Li)探头对 X 射线的检测率高，使能谱仪的灵敏度高于波谱仪一个量级。

③ 分析效率高。能谱仪可同时检测分析点内所有能测元素所产生的特征 X 射线的特征能量，所需时间仅为几分钟；而波谱仪则需逐个测量每种元素的特征波长，甚至还要更换分光晶体，需要耗时数十分钟。

④ 能谱仪的结构简单，使用方便，稳定性好，能谱仪没有聚焦圆，没有机械传动部分，对样品表面也没有特殊要求。而波谱仪则需样品表面为抛光状态。便于聚焦。

缺点：

① 分辨率低。能谱仪的谱线峰宽，易于重叠，失真大，能量分辨率一般为 145~150eV，而波谱仪的能量分辨率可达 5~10eV，谱峰失真很小。

② 能谱仪的 Si(Li)窗口影响对超轻元素的检测。一般铍窗时，检测范围为 11 Na~92U；仅在超薄窗时，检测范围为 4 Be~92U。

③ 维护成本高。Si(Li)半导体工作时必须保持低温，需设专门的液氮冷却系统。

总之，波谱仪与能谱仪各有千秋，应根据具体对象和要求进行合理选择。

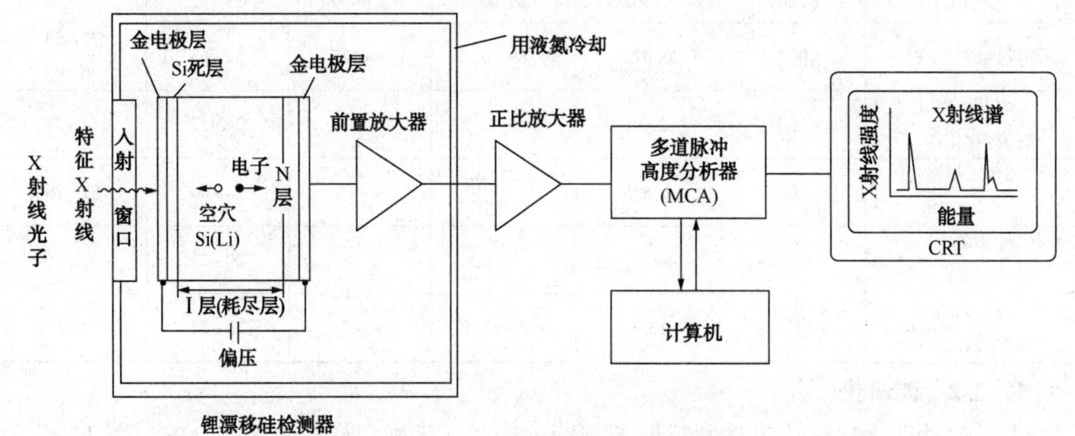

图 17-5 锂漂移硅检测器能量谱仪的方框图

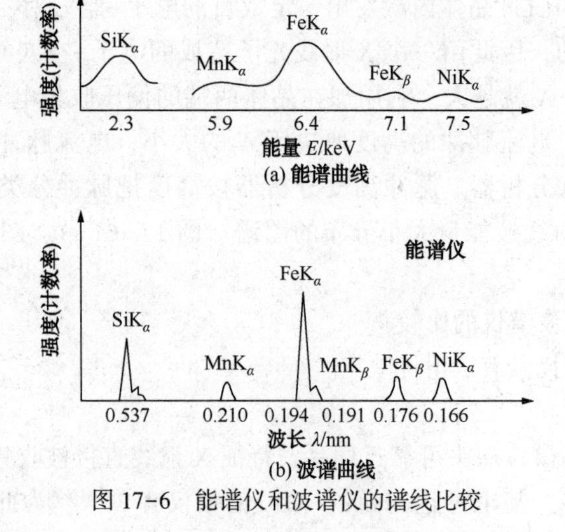

图 17-6 能谱仪和波谱仪的谱线比较

17.3 电子探针的分析方法和应用

电子探针与扫描电镜、透射电镜配合，可在观察材料内部微区组织结构的同时，对微区进行化学成分的分析。它有三种基本工作方式：点分析用于选定点的全谱定性分析或定量分析，以及对其中所含元素进行定量分析；线分析用于显示元素沿选定直线方向上的浓度变化；面分析用于观察元素在选定微区内浓度分布。

17.3.1 定点分析

① 全谱定性分析　驱动分光谱仪的晶体连续改变衍射角 θ，记录 X 射线信号强度随波长的变化曲线。检测谱线强度峰值位置的波长，即可获得样品微区内所含元素的定性结果。电子探针分析的元素范围可从铍(序数 4)到铀(序数 92)，检测的最低浓度(灵敏度)大致为 0.01%，空间分辨率约在微米数量级。全谱定性分析往往需要花费很长时间。

② 半定量分析　在分析精度要求不高的情况下，可以进行半定量计算。依据元素的特征 X 射线强度与元素在样品中的浓度成正比的假设条件，忽略了原子序数效应、吸收效应和荧光效应对特征 X 射线强度的影响。实际上，只有样品是由原子序数相邻的两种元素组成的情况下，这种线性关系才能近似成立。在一般情况下，半定量分析可能存在较大的误差，因此其应用范围受到限制。

③ 定量分析　在此仅介绍一些有关定量分析的概念，而不涉及计算公式。

样品原子对入射电子的背散射，使能激发 X 射线信号的电子减少；此外入射电子在样品内要受到非弹性散射，使能量逐渐损失，这两种情况均与样品的原子序数有关，这种修正称为原子序数修正。由入射电子激发产生的 X 射线，在射出样品表面的路程中与样品原子相互作用而被吸收，使实际接收到的 X 射线信号强度降低，这种修正称为吸收修正。在样品中由入射电子激发产生的某元素的 X 射线，当其能量高于另一元素特征 X 射线的临界激发能量时，将激发另一元素产生特征 X 射线，结果使得两种元素的特征 X 射线信号的强度发生变化。这种由 X 射线间接地激发产生的元素特征 X 射线称为二次 X 射线或荧光 X 射线，故称此修正为荧光修正。

在定量分析计算时，对接收到的特征 X 射线信号强度必须进行原子序数修正(Z)、吸收修正(A)和荧光修正(F)，这种修正方法称为 ZAF 修正。采用 ZAF 修正法进行定量分析所获得的结果，相对精度一般可达 1%~2%，这在大多数情况下是足够的。但是，对于轻元素(O、C、N、B 等)的定量分析结果还不能令人满意，在 ZAF 修正计算中往往存在相当大的误差，分析时应该引起注意。

图 17-7 是铸态 AM30(Mg-3Al-0.5Mn)合金中第二相的显微组织图片和能谱曲线。从能谱曲线可知，第二相含有 Al、Mg 和 Mn 三种元素。

17.3.2 线分析

使入射电子束在样品表面沿选定的直线扫描，谱仪固定接收某一元素的特征 X 射线信号，其强度在这一直线上的变化曲线可以反映被测元素在此直线上的浓度分布，线分析法较适合于分析各类界面附近的成分分布和元素扩散。图 17-8 所示为 600℃时纯铁片在 Zn-Al-Fe-Si 熔池中浸镀 60s 后，镀层界面的 SEM-EDS 线扫描结果，图中最下方的曲线代表硅含量的变化趋势，可以看出硅明显在界面合金层中富集。

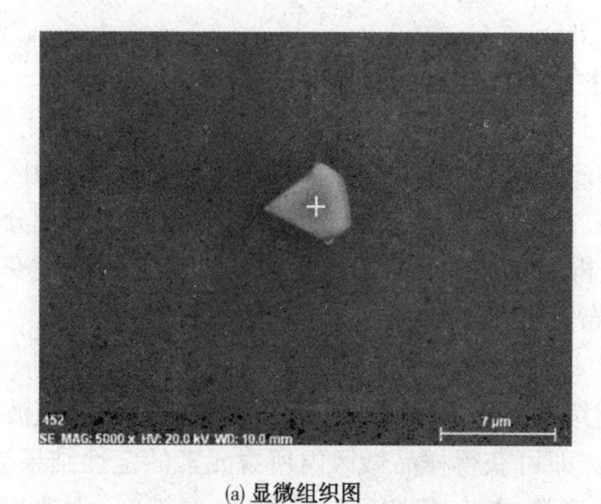

(a) 显微组织图

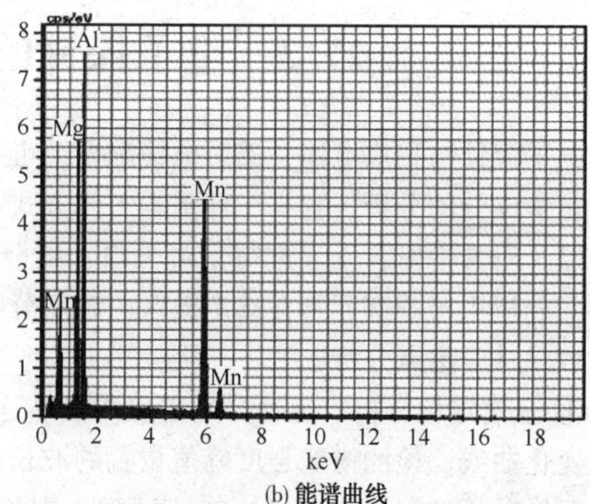

(b) 能谱曲线

图 17-7　铸态 AM30(Mg-3Al-0.5Mn)合金

17.3.3　面分析

使入射电子束在样品表面选定的微区内作光栅扫描，谱仪固定接收某一元素的特征 X 射线信号，并以此调制荧光屏的亮度，可获得样品微区内被测元素的分布状态。元素的面分布图像可以清晰地显示与基体成分存在差别的第二相和夹杂物，能够定性地显示微区内某元素的偏析情况。在显示元素特征 X 射线强度的面分布图像中，较亮的区域对应于样品的位置该元素含量较高(富集)，暗的区域对应的样品位置该元素含量较低(贫化)。图 17-9(a)为水冷后的 Zn-5%Al-0.1%Ce 合金显微组织局部放大图，图 17-9(b)为其 EDS 面扫描结果。由于合金中 Ce 含量仅为 0.1%，EDS 面扫描图不能很清楚地显示 Ce 的分布情况。但从图 17-9(b)中大致可以看出，Ce 元素多富集在富 Zn 相中，Zn-Al 共晶组织中也含有少量的 Ce。

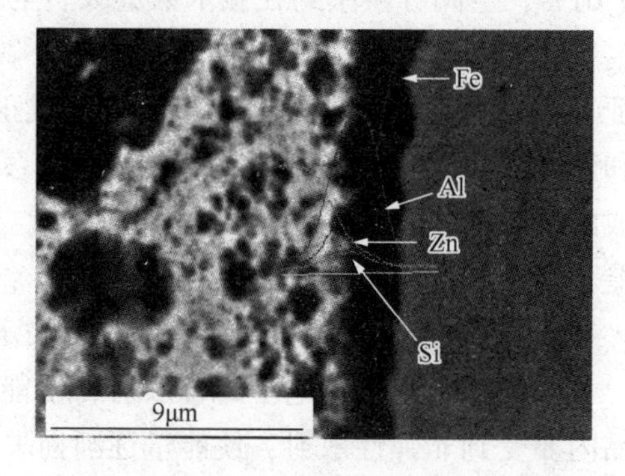

图 17-8　600℃下纯铁片在 Bath B 中浸镀 60s 后合金层界面 EDS 线扫描分析结果

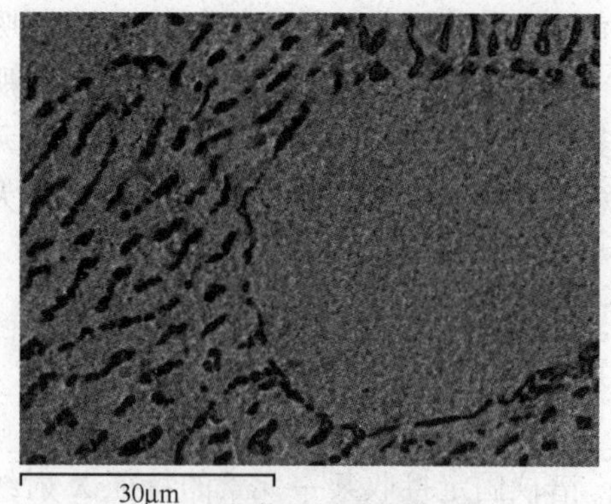

(a) 水冷后的背散射电子图

(b) Ce分布能谱仪面扫描图

图 17-9　Zn-5%Al-0.1%Ce 的合金显微图像

第 18 章　X 射线衍射仪分析法

1895 年伦琴发现 X 射线，又称伦琴射线。X 射线本质上是一种电磁波，波长为 0.001~10nm。德国科学家劳厄于 1912 年发现了 X 射线衍射现象，并推导出劳厄晶体衍射公式。随后，英国布拉格父子又将此衍射关系用简单的布拉格方程表示出来。布拉格方程是衍射分析中最基本的公式，利用它可以分析晶体的结构信息。1914 年，物理学家莫塞莱(H. G. J. Moseley)发现了特征 X 射线的波长与原子序数之间的定量关系，创立了莫塞莱方程。利用这一原理可对材料的成分进行快速无损检测，由此产生 X 射线光谱学。由于 X 射线穿透力极强，被应用于医学领域和金属零件的内部探伤，产生了 X 射线透射学。本章主要讨论利用 X 射线的衍射原理对晶体结构的分析。

18.1　原　　理

18.1.1　X 射线的性质

通常是用 X 射线管产生 X 射线。X 射线管的结构示意图如图 18-1 所示。当在阴、阳极之间加上直流高压(约数万伏以上)时，电子从阴极以高速向阳极飞来，碰撞到阳极，其运动受阻，电子的动能大部分转成热能，使靶温度升高，另外约 1%左右的动能转变为 X 射线。图 18-2 示意表示了 Mo 阳极 X 射线管在不同管压下发射的 X 射线谱，可以看出，整个谱线呈现两种曲线分布特征，其中丘包状曲线为连续谱，竖直尖峰为特征谱，它们对应两种 X 射线辐射的物理过程。

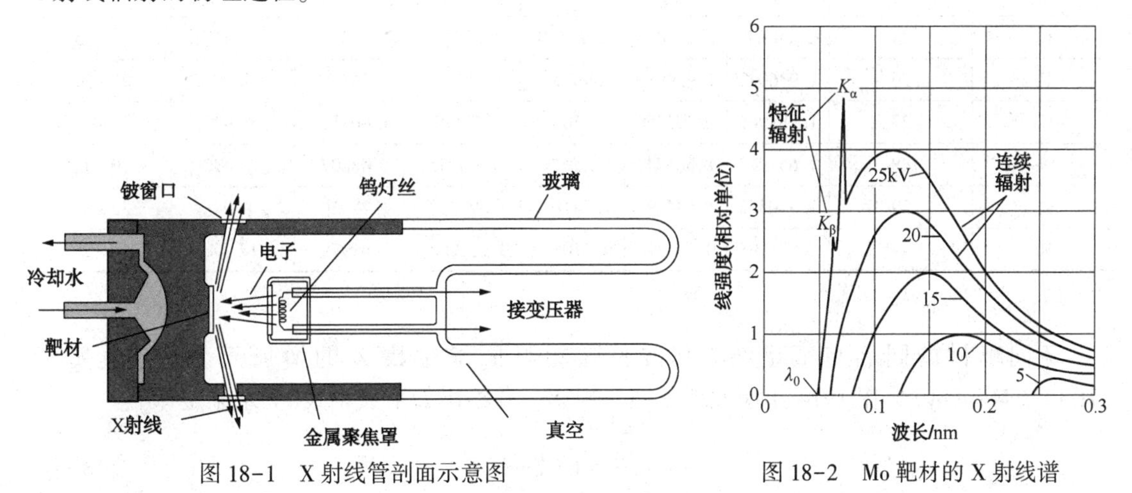

图 18-1　X 射线管剖面示意图　　图 18-2　Mo 靶材的 X 射线谱

(1) 特征 X 射线

标识 X 射线谱的产生机理与阳极物质的原子内部结构紧密相关。原子系统内的电子按泡利不相容原理和能量最低原理分布于各个能级，K 级、L 级等。在电子轰击阳极的过程中，当某个具有足够能量的电子将阳极靶原子的内层电子击出时，于是在低能级上出现空位，系统能量升高，处于不稳定激发态。较高能级上的电子向低能级上的空位跃迁，并以光子的形式辐射出特征 X 射线。

K层电子被击出时，原子系统能量由基态升到K激发态，L层电子向K层空位填充时产生K系辐射，辐射的X射线的能量为电子跃迁前后两能级的能量差：

$$E = E_L - E_K$$

由于X射线具有粒子性，根据公式 $E = h\nu$（h 为普朗克常数），特征X射线的频率 ν 为

$$\nu = \frac{E_L - E_K}{h}$$

式中，E_L 和 E_K 分别为L壳层和K壳层的能量。如果是L壳层跃迁至K壳层填空空位，产生 K_α 射线；如果是由M壳层电子来补充K壳层空位，则发射 K_β 射线，其能量为 $h\nu_{K_\beta} = E_M - E_K$。同样道理，当空位出现在L壳层，而由M壳层电子来补充时，则发射 L_α 特征射线。但因其他特征射线的波长长，很容易被空气、玻璃等所吸收，不便应用。在X射线结构分析中最常用的就是 K_α 和 K_β。

如前所述，原子内层电子造成空位是产生特征辐射的前提，而欲击出靶材原子内层电子，比如K层电子，由阴极射出的电子的动能必须大于（至少等于）K层电子与原子核的结合能 E_K，或K层电子逸出原子所做的功 W_K，即 $eU_K = -E_K$，这个 U_K 便是阴极电子击出靶材原子K层电子所需的临界激发电压。这就说明了为什么某种靶材的X射线管必须当管压增高到一定值后，才产生特征X射线的原因。由于愈靠近原子核的内层电子，与核的结合能愈大，所以击出同一靶材原子的K、L、M等不同内层的电子就需要不同的 U_K、U_L、U_M 等临界激发电压值。当然阳极物质原子序数愈大，所需临界激发电压值也愈高。有关常用靶材的 U_K 值数据见表18-1。

表18-1　几种常用阳极靶材料和特征谱参数

阳极靶元素	原子序数 Z	K系列特征谱波长				K吸收限	U_K/kV	$U_{适宜}$/kV
		$K_{\alpha1}$	$K_{\alpha2}$	K_α	K_β	λ_K/0.1nm		
Cr	24	2.28970	2.293606	2.29100	2.08487	2.0702	5.43	20~25
Fe	26	1.936042	1.939980	1.937355	1.75661	1.74346	6.4	25~30
Co	27	1.788965	1.792850	1.790260	1.72079	1.60815	6.93	30
Ni	28	1.657910	1.661747	1.659189	1.500135	1.48807	7.47	30~35
Cu	29	1.540562	1.544390	1.541838	1.392218	1.28059	8.04	35~40
Mo	42	0.70930	0.713590	0.710730	0.632288	0.61978	17.44	50~55

注：$\lambda_{K_\alpha} = (2\lambda_{K_{\alpha1}} + \lambda_{K_{\alpha2}})/3$。

不同靶材的同名特征谱线，其波长随靶材原子序数 Z 的增加而变短。莫塞莱（H. G. J. Moseley）早在1914年便发现了这一规律，并给出如下关系式（莫塞莱定律）：

$$\sqrt{\frac{1}{\lambda}} = C(Z - \sigma) \quad (18-1)$$

式中，C 和 σ 都是常数。因此，X射线谱中尖峰可作为靶材的标志或特征，故称尖峰为特征峰或特征谱。

（2）连续X射线

连续谱的产生机理：一个电子在管压 U 的作用下撞向靶材，其能量为 eU，每碰撞一次，产生一次辐射，即产生一个能量为 $h\nu$ 的光子。若电子与靶材仅碰撞一次就能耗完其能量，则该辐射产生的光子获得了最高能量 eU，即

$$h\nu_{max}=eU=h\frac{c}{\lambda_0} \tag{18-2}$$

$$\lambda_0=\frac{hc}{eU} \tag{18-3}$$

此时，X 光子的能量最高，波长最短，故称为波长限，代入常数 h、c、e 后，波长限 $\lambda_0=\frac{1240}{U}$nm。

当电子与靶材发生多次碰撞才耗完其能量，则发生多次辐射，产生多次光子，每个光子的能量均小于 eU，波长均大于波长限 λ_0。由于电子与靶材的多次碰撞和电子数目大，从而产生各种不同能量的 X 射线，这就构成了连续 X 射线谱。

X 射线连续谱的强度 I 取决于 U、i、Z，可表示为

$$I=K_1iZU^2 \tag{18-4}$$

式中，K_1 为常数，约$(1.1\sim1.4)\times10^{-9}V^{-1}$。

连续谱的共同特征是各有一个波长限(最小波长)λ_0，强度有一最大值，其对应的波长为 λ_m，谱线向波长增加方向延续发展。连续谱的形态受管流 i、管压 U、阳极靶材的原子序数 Z 的影响，如图 18-2 所示，其变化规律如下：当 i、Z 均为常数时，U 增加，连续谱线整体左上移，表明 U 增加时，各波长下的 X 射线强度均增加，波长限 λ_0 减小，强度的最高值所对应的波长 λ_m 也随之减少。

18.1.2　X 射线衍射的方向

X 射线在与晶体中束缚较紧的电子相遇时，电子会发生受迫振动并发射与 X 射线波长相同的相干散射波，这些波相互干涉，使在某些方向获得加强，另一些方向则被削弱。电子散射波干涉的总结果被称为衍射。布拉格方程将晶体的衍射看成晶面簇在特定方向上对 X 射线的反射，使衍射方向的确定变得十分简单明确，而成为现代衍射分析的基本公式。衍射的方向由劳埃方程和布拉格方程决定，布拉格方程本质上是劳埃方程的简化，也是电子衍射的基础。

如图 18-3 所示，一束平行的单色的 X 射线，以 θ 角照射到原子面 AA 上。如果入射线在 LL_1 处为同相位，则面上的原子 M_1 和 M 的散射线中，处于反射线位置的 MN 和 M_1N_1 在到达 NN_1 时为同光程。这说明同一晶面上的原子的散射线，在原子面的反射线方向上是可以互相加强的。仅可照射到晶体表面，而且可以照射到晶体内一系列平行的原子面。如果相邻两个晶面的反射线的相位差为 2π 的整数倍(或光程差为波长的整数倍)，则所有平行晶面的反射线可一致加强，从而在该方向上获得衍射。入射线 LM 照射到 AA 晶面后，反射线为 MN；另一条平行的入射线 L_1M_2 照射到相邻的晶面 BB 后，反射线为 M_2N_2。两束 X 射线到达 NN_2 处的波程差为

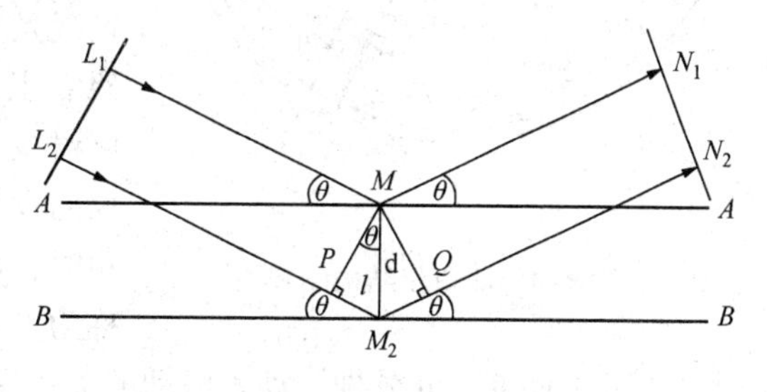

图 18-3　布拉格方程导出示意图

$$\delta=PM_2+QM_2$$

如果晶面间距为 d，则从图 19-5 可以看出，波程差

$$\delta=PM_2+QM_2=2d\sin\theta$$

如果入射 X 射线的波长为 λ，则在这个方向上散射线互相加强的条件为

$$2d\sin\theta = n\lambda \tag{18-5}$$

式(18-5)就是著名的布拉格方程。

18.1.3　X 射线衍射的强度

X 射线的衍射方向依赖于晶胞的形状和大小。它解决了 X 射线衍射的方向问题，但它仅是发生衍射的必要条件，最终能否产生衍射花样还取决于衍射强度，当衍射强度为零或很小时，仍不显衍射花样。衍射强度取决于晶胞中原子的排列方式和原子的种类。以 X 射线的作用对象由小到大，即从电子→原子→单胞→单晶体→多晶体分别讨论，导出了 X 射线作用于一般多晶体的相对强度计算公式，获得影响衍射强度的一系列因素：结构因子、温度因子、多重因子、角因子、吸收因子等。衍射强度 I 与衍射角 2θ 之间的关系曲线为晶体的衍射花样。通过衍射花样分析，获得有关晶体的晶胞类型、晶体取向等结构信息，为 X 射线的应用打下基础。

18.2　装　　置

X 射线衍射分析专用的仪器是 X 射线衍射仪。它由 X 射线发生器、测角仪、辐射探测器、记录单元或自动控制单元等部分组成，其中测角仪是仪器的核心部分。

(1) X 射线测角仪

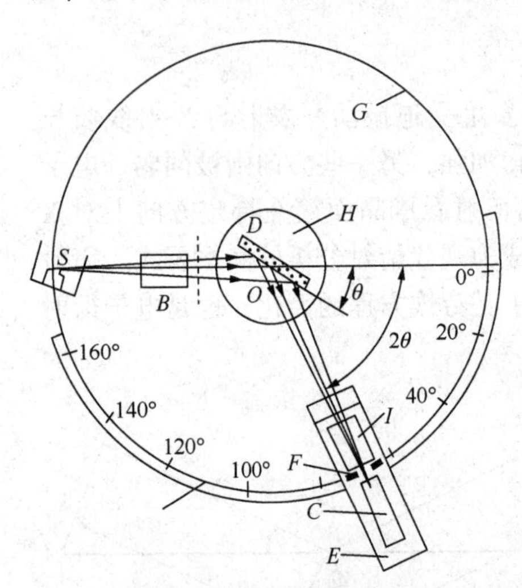

图 18-4　测角仪结构原理图

图 18-4 是测角仪的示意图。平板试样 D 安装在试样台 H 上，后者可围绕垂直于图面的轴 O 旋转。S 为 X 射线源，即 X 射线管靶面上的线状焦斑，它与图面垂直，故与衍射仪轴平行。B 和 I 为梭拉狭缝，由平行的金属薄皮组成，可限制射线的发散度。当一束发散 X 射线照射到试样时，满足布拉格关系的某种晶面，其反射线便形成一根收敛的光束。F 处有一接收狭缝光阑，它与计数管 C 同安装在可围绕 O 旋转的支架 E 上。当计数管转到适当的位置时便可接收到一根反射线。计数管的角位置 2θ 可从刻度 K 上读出。衍射仪的设计使 H 和 E 保持固定的转动关系。当 H 转过 θ 角时，E 恒转过 2θ 角。这就是试样-计数管的联动(常称为 θ-2θ 联动)。在某些特殊场合下，如测单晶取向时，也可以使 θ、2θ 分别转动。联动的关系保证了 X 射线相对平板试样的“入射角”与“反射角”始终相等。于是，从试样表面各点所产生的反射线都能聚焦，并在不同的角度进入计数管中。计数管能将 X 射线的强弱情况转化为电信号，并通过计数率仪、电位差计将信号记录下来。当试样和技术管连续转动时，衍射仪就能自动描绘出衍射强度随 2θ 角的变化情况。图 18-4 所示就是这样的图形，称为衍射图。纵坐标单位为每秒脉冲数。

需要指出的是：

① 测角仪中的发射光源 S、样品中心 O 和接受光栏 F 三者共圆于圆 B，见图 18-5。这样可使一定高度和宽度的入射 X 射线经样品晶面反射后能在 F 处会聚，以线状进入计数管 C，减少衍射线的散失，提高衍射强度和分辨率。

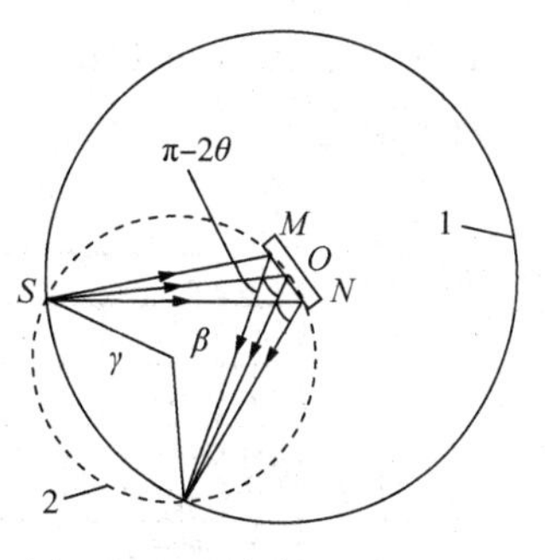

图 18-5 测角仪的聚焦几何
1—测角仪圆；2—聚焦圆

② 聚焦圆的圆心和大小均是随着样品的转动而变化着的。圆周角 $\angle SMF=\angle SOF=\angle SNF=\pi-2\theta$，设测角仪的半径为 R，聚焦圆半径为 r，由几何关系得 $\angle SBF=2\angle SOF=2\pi-4\theta$，即 $\angle SBO=\angle FBO=\frac{1}{2}[2\pi-(2\pi-4\theta)]=2\theta$。在等腰三角形 $\triangle SBO$ 中，$SB=BO=r$，$\sin\theta=\frac{\frac{1}{2}R}{r}=\frac{R}{2r}$，即 $r=\frac{R}{2\sin\theta}$，由该式可知聚焦圆的半径随布拉格 θ 的变化而变化，当 $\theta\to0°$ 时，$r\to\infty$；当 $\theta\to90°$ 时，$r\to r_{\min}=R/2$。

③ 随着样品的转动，θ 从 0°~90°，由布拉格方程可得晶面间距 $d=\frac{\lambda}{2\sin\theta}$ 将从最大降到最小($\lambda/2$)，从而使得晶体表层区域中晶面间距不等的所有平行于表面的晶面均参与了衍射。

④ 计数管与样品台保持联动，角速率之比为 2∶1，但在特殊情况下，如单晶取向、宏观内应力等测试中，也可使样品台和计数管分别转动。

(2) 计数器

计数器是 X 射线衍射仪中记录衍射相对强度的重要器件。由计数管及其附属电路组成。计数器通常有正比计数器、闪烁计数器、近年发展的锂漂移硅 Si(Li)计数器和位敏计数器等。

(3) 计数电路

计数器将 X 射线的相对强度转变成了电信号，其输出的电信号还需进一步转换、放大和处理，才能转变成可直接读取的有效数据，计数电路就是为实现上述转换、放大和处理的电子学电路。

18.3 分析方法

(1) 常见的衍射方法

常见的衍射方法主要有劳埃法、转晶法和粉末法。劳埃法是采用连续 X 射线照射不动的单晶体以获得衍射花样的方法。转晶法是采用单一波长的 X 射线照射转动着的单晶体以获得衍射花样的方法。粉末法是采用单色 X 射线照射多晶试样以获得多晶体衍射花样的方法。在准备衍射仪用的试样时需要足够的重视。需要把样品研磨成适合衍射实验用的粉末，把样品粉末制成有一个十分平整平面的试片，从而得到理想的结果。

(2) 物相分析

X 射线物相分析包括定性分析和定量分析。定性分析就是通过实测衍射谱线与标准卡片数据对照，来确定未知试样中的物相类别。定量分析则是在已知物相类别的情况下，通过测量这些物相的积分衍射强度，来测算它们的各自含量。目前的标准卡片是由 JCPDS 和 ICDD 联合出版的。从卡片上可以得到标准物质的一系列晶面间距及其对应的衍射强度，用以代替实际的 X 射线衍射图样。

1969 年起，由美国材料实验协会(The American Society for Testing Materials, ASTM)和英、法、加拿大等国家的有关协会组成国际机构的“粉末衍射标准联合委员会”，负责卡片的搜集、校订和编辑工作，所以，以后的卡片称为粉末衍射卡(the Powder Diffraction File)，简称 PDF 卡，或称 JCPDS 卡(the Joint Committee on Powder Diffraction Standarda)。

粉末衍射卡(简称 ASTM 或 PDF 卡)卡片的形式如图 18-6 所示。

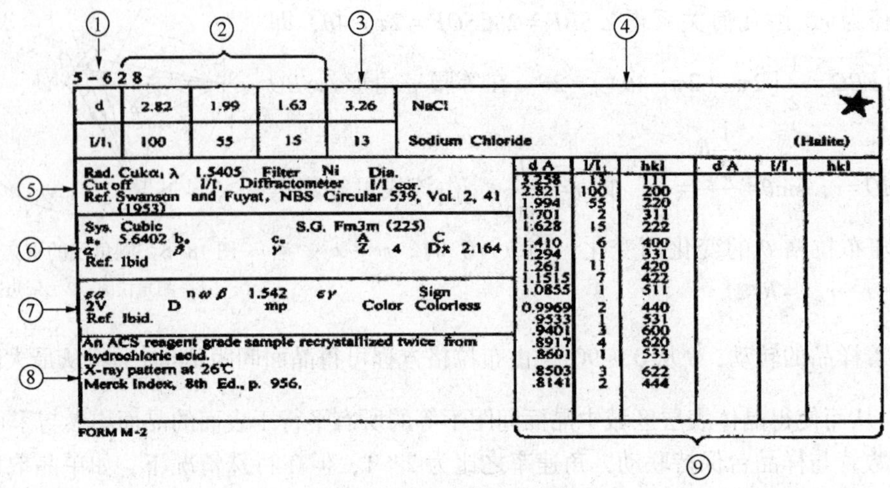

图 18-6　PDF 卡片的结构

①——卡片序号；

②——1a、1b、1c 是最强、次强、再次强三强线的面间距，2a、2b、2c、2d 分别列出上述各线条以最强线强度(I1)为 100 时的相对强度 I/I1；

③——1d 是试样的最大面间距和相对强度 I/I1；

④——物质的化学式及英文名称；

⑤——测样时的实验条件；

⑥——物质的晶体学数据；

⑦——光学性质数据；

⑧——试样来源、制备方式、测样温度等数据；

⑨——面间距、相对强度及密勒指数

PDF 卡片检索的方法主要有两种：①通过一定的检索程序，按给定的条件对光盘卡片库进行检索(如 PCPDFWin 程序)；②利用 X 射线衍射系统配备的自动检索系统，通过图形对比方式进行多相分析(如 MDI JADE，EVA 软件等)。

X 射线衍射物相定量分析有内标法、外标法、增量法、无标样法和全谱拟合法等常规分析方法。内标法和增量法等都需要在待测样品中加入参考标相并绘制工作曲线，如果样品含有的物相较多，谱线复杂，再加入参考标相时会进一步增加谱线的重叠机会，给定量分析带来困难。无标样法和全谱拟合法虽然不需要配制一系列内标标准物质和绘制标准工作曲线，但需要繁琐的数学计算，其实际应用也受到了一定限制。外标法虽然不需要在样品中加入参考标相，但需要用纯的待测相物质制作工作曲线，这也给实际操作带来一定的不便。

18.4　应　　用

(1) 物相分析

图 18-7 为 Zn-Sn-V 合金的 XRD 图。通过检索标准卡片对比可以知道 1、2 和 3 分别为 α-V，V_5Zn_4 和 V_3Sn。我们也可以通过衍射花样来分析点阵常数和晶粒大小，当然测试时我们要注意条件的选取，从而使得结果比较理想。

(2) 点阵常数的测定

点阵常数是晶体物质的基本结构参数，它随化学成分和外界条件(温度和压力等)的变化而变化。点阵常数的测定在研究固态相变(如过饱和固体的分解)、确定固溶体类型、测定固溶体的溶解度曲线、观察热膨胀系数、测定晶体中杂质含量、确定化合物的化学计量比等方面都得到了应用。由于点阵常数随各种条件变化而变化的数量级很小(约为 10~5nm),因而通过各种途径以求测得点阵常数的精确值就十分重要。

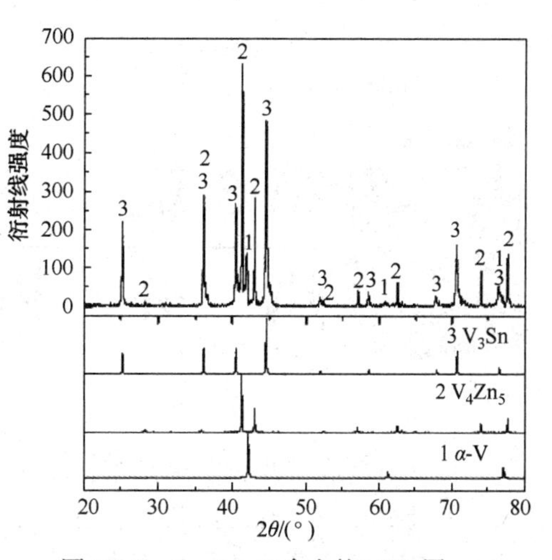

图 18-7 Zn-Sn-V 合金的 XRD 图

点阵常数数通过 X 射线衍射的位置(θ)的测量而获得的。以立方晶体系为例(下同),测定 θ 后,点阵常数 α 可按下式计算:

$$\alpha=d\sqrt{H^2+K^2+L^2}=\frac{\lambda\sqrt{H^2+K^2+L^2}}{2\sin\theta} \quad (18-6)$$

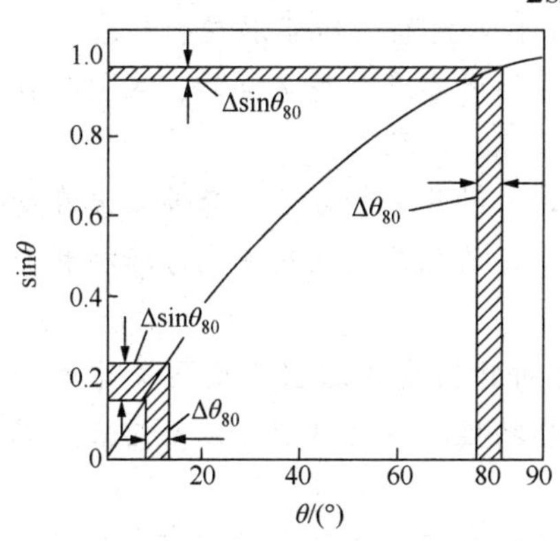

图 18-8 $\sin\theta$ 随 θ 的变化关系

式中波长是可以精确测定的,有效数字甚至可达 7 位,对于一般的测定工作,可以认为没有误差;H、K、L 是整数,不存在误差。因此,点阵常数 α 的精确度主要取决于 $\sin\theta$ 的精度。θ 角的测定精度 $\Delta\theta$ 一定时。$\sin\theta$ 的变化与 θ 的所在范围有很大关系,如图 18-8 所示。可以看出当 θ 接近 90°时,$\sin\theta$ 变化最为缓慢。假如在各种 θ 角度下 $\Delta\theta$ 相同,则在高 θ 角时所得的 $\sin\theta$ 值将比在低角时的精确的多。当 $\Delta\theta$ 一定时,采用高 θ 角的衍射线测量,面间距误差 $\Delta d/d$(对立方系物质也即点阵常数误差 $\Delta a/a$)将要减小;当 θ 趋近 90°时,误差将趋近于 0。因此,应选择接近 90°的线条进行测量。

但实际能利用的衍射线,其 θ 角与 90°总是有距离的,不过可以设想通过外推法接近理想状态。例如,先测出同一物质的多根衍射线,并按每衍射线的 θ 计算出相应的 a 值,再以 θ 为横坐标,以 a 为纵坐标,将各个点连成一条光滑的曲线,再将曲线延伸使于 $\theta=90°$ 处的纵轴相截,则截点即为精确的点阵参数值。

(3) 纳米材料粒径的表征

纳米材料的颗粒度与其性能密切相关。纳米材料由于颗粒细小,极易形成团粒。采用通常的粒度分析仪往往会给出错误的数据。采用 X 射线衍射线线宽法(谢乐法)以测定纳米粒子的平均粒径。谢乐微晶尺度计算公式为

$$D=\frac{0.89\lambda}{\beta_{HKL}\cos\theta} \quad (18-7)$$

其中 λ 为 X 射线波长,β_{HKL} 为衍射线半高峰宽处因晶粒细化引起的宽化度,测定过程中选取多条低角度($2\theta\leqslant50°$)X 射线衍射线计算纳米粒子的平均粒径。顾卓明等采用谢乐法测定了纳米碳酸钙粒子和纳米稀土(主要为 CeO_2)粒子的平均粒径,测定结果为:$D_{CaCO_3}=39.3$nm;$D_{CeO_2}=11.0$nm,另外他们采用透射电镜法测定两种粒子粒径的结果为:$D_{CaCO_3}=40.2$nm;$D_{CeO_2}=12.7$nm;两种方法的测量结果比较吻合,说明谢乐法测定纳米粒子粒径是可信的。

此外,X 射线衍射技术还可以测定晶体内部的微观应力和宏观应力。

5 第5篇 热分析

热分析是在程序控制温度下，测量物质的物理性质与温度之间关系的一类技术。在加热或冷却的过程中，物质结构、相态和化学性质的变化都会伴随相应的物理性质变化，包括质量、温度和尺寸等。热分析主要研究物理变化(晶型转变、熔融、升华和吸附等)和化学变化(脱水、分解、氧化和还原等)，不仅能提供物质的热力学参数如相转变温度、热容、焓等，而且还能给出一定参考价值的动力学数据。热分析方法的种类是多种多样的，主要包括差热分析(DTA)、热重分析(TG)和差示扫描量热(DSC)等。

热重法是在程序控温下，测量物质的质量与温度关系的一种热分析方法。只要物质在受热时发生质量变化，就能用热重法对其过程进行跟踪研究。目前已广泛应用于高分子材料的定性和定量鉴别。

差热分析是在程序控温条件下，测量物质与参比样之间的温度差随温度变化关系的技术。可对材料进行定性和定量分析。可以测定材料的重结晶特性、晶型转变，以及熔点、结晶度、玻璃化转变温度、熔融热等多种物理性质。

差示扫描量热法是在程序控温条件下，测量物质与参比样之间的能量差随温度变化的技术。可以测定材料的熔融、结晶和纯度等，对材料定性鉴别，还可以测定高分子材料的氧化稳定性、反应动力学和比热等。

热分析测量快速、可靠，所研究的物质从一开始的无机物逐步扩展到有机物、高聚物和药物等。目前热分析已广泛应用于材料领域中，成为工业和实验室研究开发中不可缺少的表征手段。

第 19 章　差示扫描量热法和差热分析法

差热分析(Differential Thermal Analysis)是在温度程序控制下测量试样与参比物之间温度差随温度变化的一种技术，简称 DTA。在 DTA 基础上发展起来的是差示扫描量热法(Differential Scanning Calorimetry)，简称 DSC。差示扫描量热法是在温度程序控制下，测量试样与参比物在单位时间内能量差随温度变化的一种技术。

DTA 和 DSC 广泛应用于材料的性能检测，试样在受热或冷却过程中，由于发生物理变化或化学变化而产生热效应，在差热曲线上会出现吸热或放热峰。试样发生力学状态变化时(例如由玻璃态转变为高弹态)，虽无吸热或放热现象，但比热有突变，表现在差热曲线上是基线的突然变动。试样内部这些热效应均可用 DTA，DSC 进行检测，发生的热效应大致可归纳为：

① 吸热反应。如结晶、蒸发、升华、化学吸附、脱结晶水、二次相变(如高聚物的玻璃化转变)、气态还原等。

② 放热反应。如气体吸附、氧化降解、气态氧化(燃烧)、爆炸、再结晶等。

③ 可能发生的放热或吸热反应。结晶形态的转变、化学分解、氧化还原反应、固态反应等。

19.1　差示扫描量热仪(DSC)原理

差示扫描量热仪分功率补偿型和热流型两种，两者的最大差别在于结构设计原理上的不同。

功率补偿型的 DSC 是内加热式，装样品和参比物的支持器是各自独立的元件，如图 19-1 所示，在样品和参比物的底部各有一个加热用的铂热电阻和一个测温的铂传感器。采用动态零位平衡原理，维持样品与参比物温度差趋于零($\Delta T \geqslant 0$)。DSC 测定的是维持样品和参比物处于相同温度所需要的能量差 ΔE，反应了样品热焓的变化。

热流型 DSC，结构如图 19-2 所示，采取外加热的方式，通过空气和康铜做的热垫片两个途径，把热传递给试样杯和参比杯，试样杯的温度由镍铬丝和镍铝丝组成的高灵敏度热电

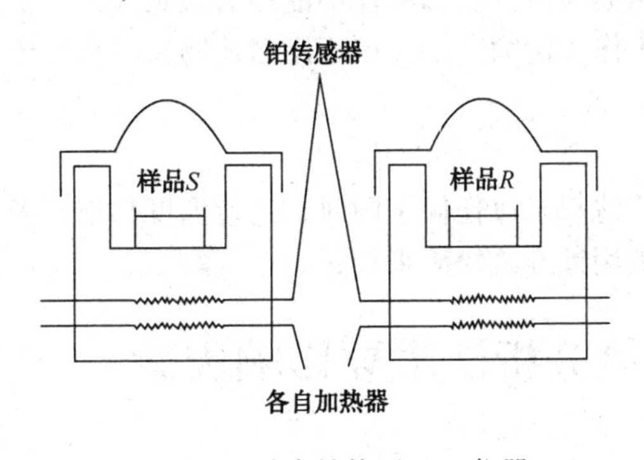

图 19-1　功率补偿型 DSC 仪器

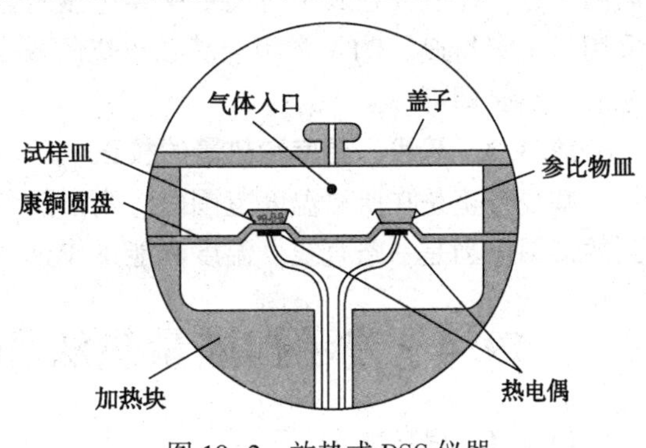

图 19-2　放热式 DSC 仪器

偶检测，参比杯的温度由镍铬丝和康铜组成的热电偶加以检测。检测的是温差 ΔT，它是试样热量的变化反应。根据热学原理，温差 ΔT 的大小等于单位时间试样热量变化和试样的热量向外传递所受阻力 R 的乘积，即

$$\Delta T = R\frac{\mathrm{d}Qs}{\mathrm{d}t} \tag{19-1}$$

根据公式可计算出热量差。

19.2 差热分析仪(DTA)原理

差热分析是利用差热电偶来测定热中性体与被测试样在加热过程中的温差。将差热电偶的两个热端分别插在热中性体和被测试样中，如图 19-3 所示，在均匀加热过程中，若试样发生了物理化学变化，有热效应产生，试样与热中性体之间就有温差产生，差热电偶就会产生温差电势。将测得的试样与热中性体间的温差对时间(或温度)作图，就得到差热曲线(DTA 曲线)。

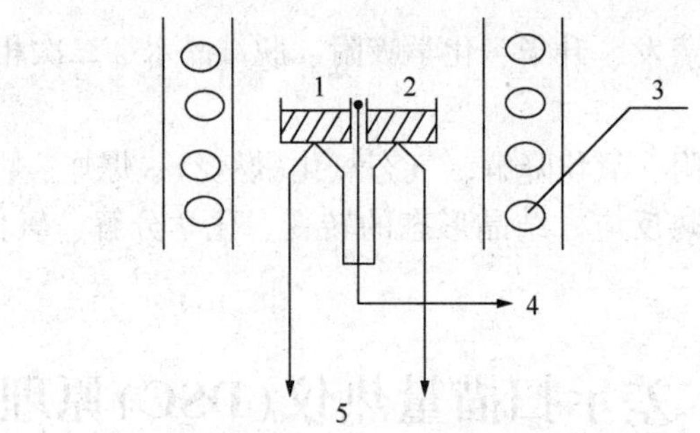

图 19-3 DTA 主要部分示意图

1—试样；2—参比物；3—差热放大器；4—均温块；5—加热器

19.3 差示扫描量热法和差热分析法实验技术

19.3.1 试样的制备

固态液态或黏稠状样品都可以用于测定，装样时尽可能使样品均匀、密实分布在样品皿内，以提高传热效率，填充密度，减少试样与皿之间的热阻。一般使用的是铝皿，分成盖与皿两部分，样品放在其中，用专用卷边压制器冲压而成。挥发性液体不能用普通试样皿，要采用耐压密封皿。DTA 常用经高温焙烧的 α-Al_2O_3作参比物，DSC 可不用参比物，只在参比池放一空皿即可。

19.3.2 基线、温度和热量的校正

基线校正是在所测温度范围内，当样品和参比池都未放任何东西时，进行温度扫描，得到的谱图应当是一条直线。温度和能量校正，需采用标准纯物质来校正。

19.4 差示扫描量热法和差热分析法主要影响因素

19.4.1 样品量

样品量大，易使相邻峰重叠。样品量少，样品的分辨率高，但灵敏度下降，一般根据样

品热效应大小调节样品量，一般3～5mg，如图19-4所示。一般在DTA与热天平的灵敏度足够的情况下，亦以较小的样品量为宜。

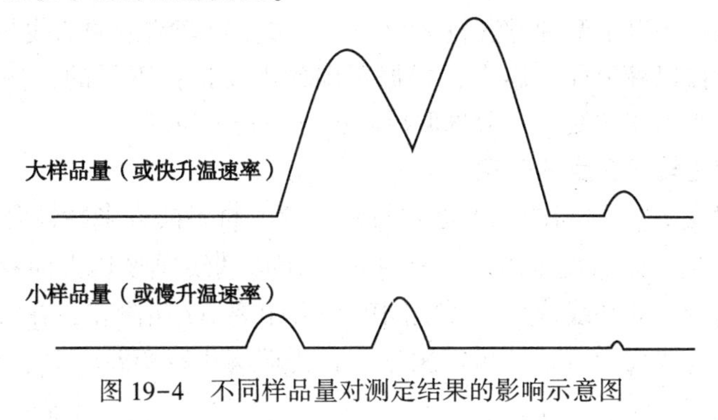

图19-4 不同样品量对测定结果的影响示意图

19.4.2 升温速率

升温速率会影响峰的位置和面积。通常升温速率范围在5～20℃/min。一般来说，快速升温，易产生反应滞后，样品内温度梯度增大，峰(平台)分离能力下降，对DTA其基线漂移较大，但能提高灵敏度；慢速升温有利于DTA相邻峰的分离，但灵敏度下降。对于DTA测试，在传感器灵敏度足够的情况下，一般也以较慢的升温速率为佳。

19.4.3 气氛

气体性质对测定有显著影响，要引起注意。He热导率高，峰检测灵敏度降低，约为N_2中的40%，因此在He中测定热量时，要先用标准物重新标定核准。在空气中测定时，要注意氧化作用的影响。

19.5 差示扫描量热法和差热分析法的应用

19.5.1 熔点的确定

熔点是物质由固态到液态转变的温度，是DSC最常测定的物性数据之一。典型的DSC熔融曲线如图19-5(a)所示。即使是纯物质铟的熔融曲线也不会是通过熔点温度的一条谱线，而是有一定宽度的吸收峰，当样品量很小和升温速率很慢时，峰前沿是一条直线。从样品熔融峰[图19-5(b)]的峰顶作一条直线，其斜率等于同样测定条件下图中直线的斜率，并与等温基线相交为C，C是真正的熔点，其测定误差不超过±0.2℃。实际上，只有需要非

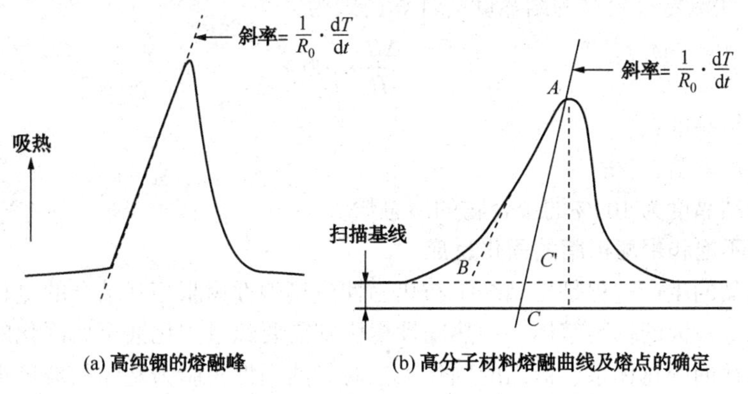

图19-5 典型的DSC熔融曲线及熔点的确定

常精确的测定熔点时(如利用熔点计算物质纯度)，才如此确定熔点。一般，与扫描基线的交点 C' 已经能给出足够精确的熔点值。

通常，确定熔点用以下两种方法较为简便，一种是以峰前沿的切线与扫描基线的交点 B 为熔点，一种是直接以峰顶 A 为熔点，根据不同的需要选择不同的方法，例如，高分子材料由于峰形复杂，难以作切线，一般选取后一种方法较为便利。

19.5.2 玻璃化转变温度的确定

玻璃化转变温度 T_g 是材料的一个重要特性参数，材料的许多特性都在玻璃化转变温度附近发生急剧的变化。样品发生玻璃化转变时，DSC 基线向吸热方向移动，如图 19-6 所示，把转变前和转变后的基线延长，两线间的垂直距离 ΔJ 叫阶差，在 $\Delta J/2$ 可以找到 C 点作切线与前基线延长线交于 B 点。可以用 B 点作为玻璃化转变温度 T_g，也有选择 C 或 D 作为 T_g。

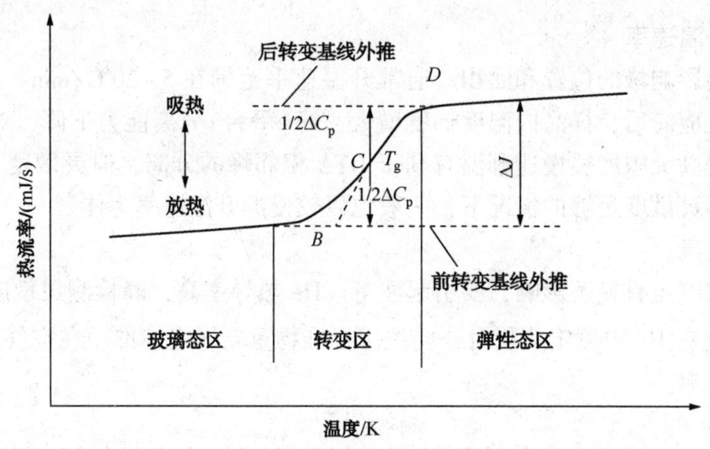

图 19-6 玻璃化转变的 DSC 曲线

19.5.3 结晶度的测定

结晶度是表征结晶性聚合物形态结构和物理性能的重要参数。聚合物的热、电及力学性能与其结晶度的大小有着密切的关系。因此，结晶性高分子材料结晶度的准确测定对于正确评价该材料的性能，并进行工艺控制以使材料性能得到优化有着重要的实际意义。差示扫描量热法(DSC)测定结晶度有着其他方法所无法比拟的优点，如测量速度快、定量准确、重复性好等。

利用 DSC 法测定高聚物的结晶度的计算公式为

$$X_c = \frac{\Delta H}{\Delta H_0} \times 100\% \tag{19-2}$$

式中 X_c——结晶度；

ΔH——熔融焓，J/g；

ΔH_0——结晶度为 100%的聚合物的熔融焓。

19.5.4 不饱和聚酯树脂的固化反应

玻璃钢制品的生产过程是玻璃纤维与热固性或热塑性树脂相互结合的过程，而对于玻璃钢生产中使用量最大的树脂基体——热固性树脂则需要经过固化甚至后固化的过程才能得到最终制品。合适的固化体系、恰当的固化工艺对以热固性树脂为基体的玻璃钢产品的各方面性能都有着极大的影响。不同树脂对固化工艺的要求常常存在着较大的差别，甚至同一种类树脂由于生产厂家或固化体系的差异而导致固化工艺的显著差异。因此对于某种给定的热固性树脂及固化体系，如何得到最佳的固化工艺对玻璃钢生产过程来说是重要问题。

研究热固性树脂固化反应动力学的方法很多，但其中的示差扫描量热(DSC)技术由于其所需样品少、测量精度高、适合于各种体系的特点，使其在研究树脂固化反应动力学方面受到越来越多的研究者的关注。

在利用 DSC 非等温法研究热固性树脂的固化过程中一般可分为固化开始出现的初始温度(T_i)，固化反应最快即固化放热最高点的峰值温度(T_p)以及反应结束时对应的温度(T_f)，典型非等温固化过程的 DSC 曲线如图 19-7 所示。

几种不同的升温速率下的动态 DSC 对树脂扫描结果如图 19-8 所示，分析可以发现，树脂在不同的升温速率下均可得到明显的放热峰，但同时也发现固化反应的特征温度与升温速率有着密切的关系，随着升温速率的提高，体系的固化起始温度、峰值温度以及结束温度均增加，这是因为升温速率增加，则 dH/dt 越大，即单位时间产生的热效应增大，产生的温度差就越大，固化反应放热峰相应地向高温移动。

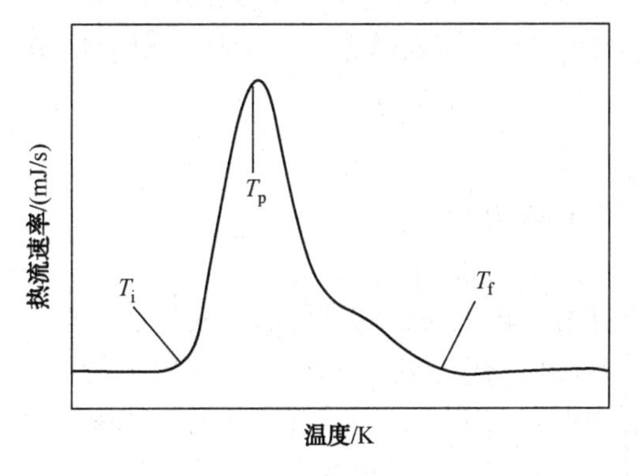

图 19-7　典型非等温固化过程 DSC 曲线

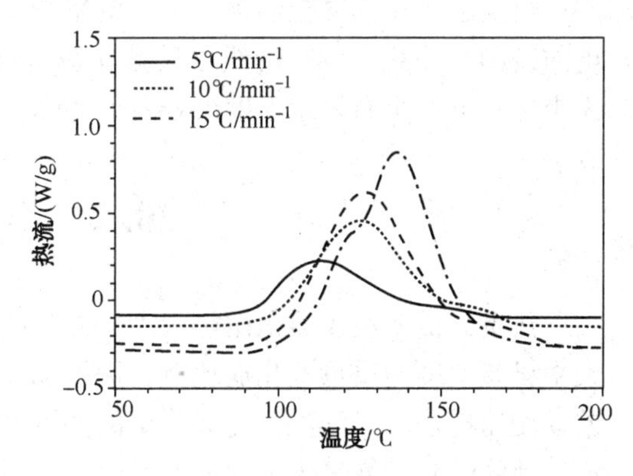

图 19-8　树脂在几种不同的升温速率下的动态 DSC 图

第 20 章　热重分析法

热重法(TG)是在不同热条件下测量物质质量与温度关系的一种技术。因此只要物质受热时质量发生变化，就可以用热重法来研究其变化过程，如脱水、吸湿、分解、化合、吸附、解吸、升华等。仪器操作简便、灵敏、速度快、所需试样量少，而得到的科学信息广泛。

20.1　热重分析原理

热重法是在程序控温条件下，测量物质质量与温度之间的关系。试验得到的曲线称为热重曲线(TG 曲线)，TG 曲线以质量作纵坐标，从上向下表示质量减少；以温度(或时间)作横坐标，自左至右表示温度(或时间)增加。

20.2　热重分析装置

热重分析所用仪器是用热天平，测量的原理有两种，即变位法和零位法。变位法是根据天平梁倾斜度与质量变化成比例，用差动变压器等检测倾斜度，并自动记录。零位法是采用差动变压器法、光学法测定天平梁的倾斜度，然后去调整安装在天平系统和磁场中线圈的电流，使线圈转动恢复天平梁的倾斜。其中线圈转动所施加的力与质量变化成正比，这个力又与线圈中的电流成正比，因此只需测量并记录电流的变化，便可得到质量变化曲线，其原理如图 20-1 所示。

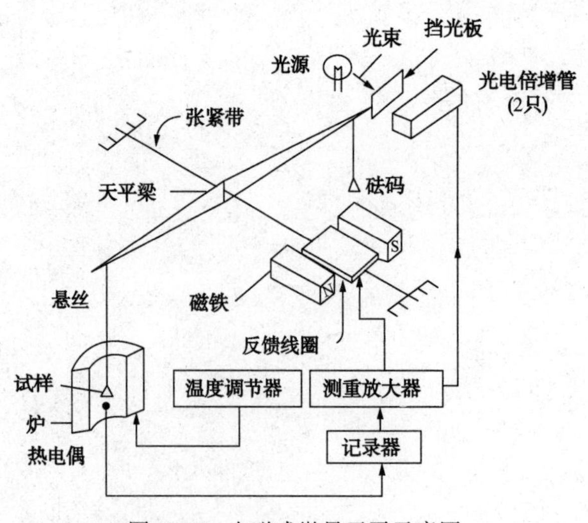

图 20-1　电磁式微量天平示意图

20.3 热重分析实验技术

20.3.1 试样量和试样皿

试样的用量与粒度对热重曲线有较大的影响。因为试样的吸热或放热反应会引起试样温度发生偏差，试样用量越大，偏差越大。试样用量大，逸出气体的扩散受到阻碍，热传递也受到影响，使热分解过程中 TG 曲线上的平台不明显。因此，在热重分析中，试样用量应在仪器灵敏度范围内尽量小。

试样的粒度同样对热传导、气体扩散有较大影响。粒度不同会使气体产物的扩散过程有较大变化，这种变化会导致反应速率和 TG 曲线形状的改变，如粒度小，反应速率加快，TG 曲线上反应区间变窄。粒度太大总是得不到好的 TG 曲线。总之，试样用量与粒度对热重曲线有着类似的影响，实验时应选择适当，一般 2~5mg。

试样皿的材质，要求耐高温，对试样、中间产物、最终产物和气氛都是惰性的，即不能有反应活性和催化活性。通常用的试样皿有铂金、陶瓷、石英、玻璃、铝等，应根据不同的样品加以选择。

20.3.2 升温速率

升温速度越快，曲线的分辨力越低，会丢失某些中间产物的信息，如对含水化合物缓慢升温可以检出分步失水的一些中间物。另外，升温速度越快，产生的温度滞后越严重，会导致起始温度和终止温度偏高。如聚苯乙烯在 N_2 中分解，分解程度为失重 10%时，用 1℃/min 测定温度为 357℃，用 5℃/min 测定温度为 394℃相差 37℃。

20.3.3 气氛的影响

热天平周围气氛的改变对 TG 曲线影响显著，如聚丙烯在空气中，150~180℃下会有明显增重，这是聚丙烯氧化的结果，在 N_2 中就没有增重。

20.4 热重分析应用

热重法可以对材料的热稳定性进行有效的评价，通过对热稳定性的检测，可以剖析材料组成，还可以研究聚合物材料等的降解动力学。尽管热重技术能快捷、有效研究材料因受热而发生的质量变化，但由于其无法同时对样品的状态、逸出的气体组分进行表征，无法得知分解的机理。利用热重与光谱（红外光谱、质谱等）联用技术，对热分解过程逸出气体进行检测和分析，即可了解热分解过程气体的释放情况，从而推测出该物质可能的反应机理。

20.4.1 热重-红外光谱联用技术

热重-红外联用技术（TGA-FTIR）是利用吹扫气（通常为氮气或空气）将热失重过程中产生的挥发分或分解产物，通过恒定在高温下（通常为 200~250℃）的金属管道及玻璃气体池，引入红外光谱仪的光路中，并通过红外检测、分析判断逸出气组分结构的一种技术。由于该技术弥补了热重法只能给出热分解温度、热失重百分含量，而无法确切给出挥发气体组分定性结果的不足，因而在各种有机、无机材料的热稳定性和热分解机理方面得到了广泛应用。

聚乳酸样品以 10℃ min^{-1} 的升温速率进行热解的过程曲线如图 20-2 所示。由图可知，聚乳酸热解主要分为三个阶段，第一阶段：聚乳酸在温度低于 300℃时，无明显热解发生，仅有少量挥发分析出。320~370℃为第二阶段，该温度范围内发生剧烈热解，并在 359℃达到

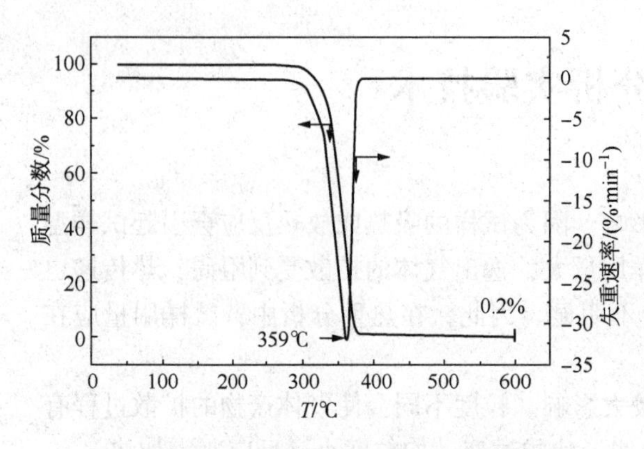

图 20-2　聚乳酸的 TG 和 DTG 曲线

最大降解速率，此时物料失重为 70%。而后随着温度的增加，降解速率快速降低，在 400℃左右反应基本结束(第三阶段)。

由 FT-IR 实时跟踪实验获得的红外三维谱图 X 轴表示波数，Z 轴对应为时间，Y 轴表示吸光度。三维曲线形象的验证了 TG 实验中的三个阶段：少量挥发分析出；大量挥发分析出，谱图上有明显的吸收峰，出峰最强点与 DTG 曲线峰值点相应，检测时间无明显滞后；400℃(3000s)挥发分残余阶段，谱图大部分吸收峰趋于平缓。

为了更好的分析聚乳酸热解过程，图 20-3 给出了不同失重条件下的热解气体产物的红外谱图。从图中可以看出，在聚乳酸热解开始阶段，由 1650~1900cm^{-1}范围内的羰基吸收峰可知存在羰基化合物，这是由聚乳酸上的酰基氧均裂开始的自由基反应引起的。在 339℃，可以明确识别特征吸收峰在 2742cm^{-1}的醛基(—CHO)的存在和 CO_2(2400~2260cm^{-1})特征吸收峰的出现。此外，1500~950cm^{-1}范围内的吸收峰也表明了酯类物质的生成。随着温度的进一步升高，除了 2181cm^{-1}附近吸收峰表明 CO 的生成外，353℃以及 365℃得到的谱图和 339℃基本类似。特别指出的是，由于此阶段是挥发分的集中析出阶段，3567(—OH)cm^{-1}、2998(CH_4)cm^{-1}、2358(CO_2)cm^{-1}、1749(C═O)cm^{-1}和 1105(C—O—C)cm^{-1}处的特征吸收峰强度上有明显的增强。

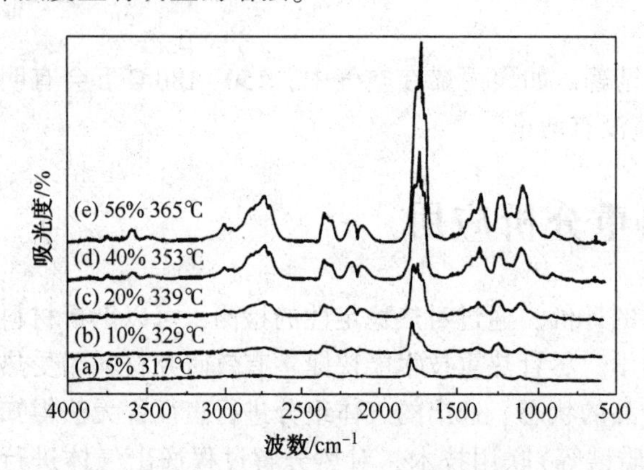

谱图	在状态	Al/%	Cu/%
谱图(a)	是	23.02	76.98
谱图(b)	是	39.63	60.37
谱图(c)	是	43.89	56.11
谱图(d)	是	54.25	45.75
谱图(e)	是	45.07	54.93

图 20-3　不同失重条件下的热解气体产物的红外谱图

根据广泛应用的 Lambert-Beer 定律，红外光谱的吸收强度与气体产物的浓度直接相关，为了更清楚的分析气体产物的析出趋势，分析了聚乳酸热解的 7 种主要气体产物释放的 FT-IR 曲线，见图 20-4。

通过比较图 20-2 与图 20-4，可以发现气体产物的 IR 吸收曲线和聚乳酸的热解失重速率曲线有着相似的特征温度和释放趋势。气体的排放随着温度的升高而增加，并都在 363℃左右取得最大值，随着温度的进一步增加，气体的排放量迅速减小，直到反应结束。这是因为，由于气体传输线的存在，气体产物的红外检测滞后 30s，温度滞后约 5℃。大部分气体集中在 320~370℃释放，与热重分析的质量损失趋势一致。

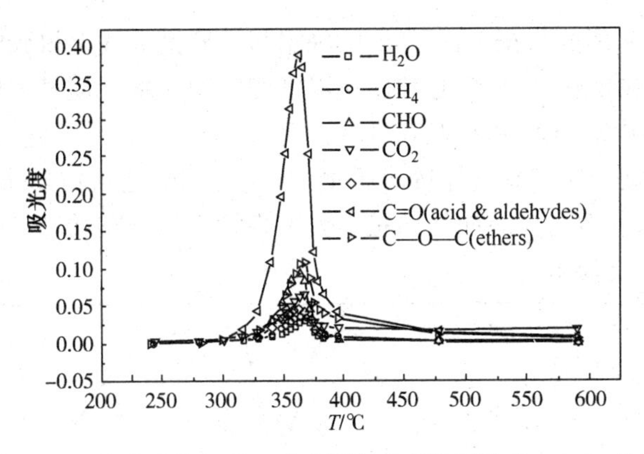

图 20-4　聚乳酸热解的 5 种主要气体产物释放的 FT-IR 曲线

20.4.2　热重-质谱联用技术

由于质谱在鉴别挥发性物质和物质热分解碎片方面是很有力的工具，而且质谱分析用量少，分析检测速度快，可同时分析多种组分，并能够达到在线检测的目的。因此热重与质谱联用对剖析物质的组成、结构以及研究热分解机理而言是极为重要的一种手段。

热重-质谱联用可以在获得受热过程中总体失重特性的同时，得到各种挥发性气体的逸出规律。但是质谱分析要求在高真空条件下进行，因此与热分析联用带来了一定的困难。为了解决这个问题需要达到以下要求：①热分析出来的气体应该毫不改变地进入质谱仪；②连接部分不应发生冷凝；③质谱检测的各种测量信号应与反应温度和时间一致。为了满足以上三个要求，在具体操作过程中是通过如下技术实现的：①质谱与反应气体通过毛细管连接，毛细管内径很小，因而可以保证反应气体快速且毫不改变地通过毛细管引入质谱的离子化室；②在连接部分和热天平出口处通过加热带加热恒温以保证气体不发生冷凝。

草酸钙在 10℃/min 升温速率下受热分解过程中的 TG/DTG 曲线如图 20-5 所示，从图上看出，在整个过程中草酸钙有三个明显失重区间，在 DTG 曲线上表现为三个失重峰，说明在整个温度内发生了三种不同类型的反应。草酸钙在三个失重区间的总失重率为 61.2%，理论失重率为 61.6%。草酸钙的理论失重率和实验所得的失重率非常接近，说明热天平所得结果准确可信。

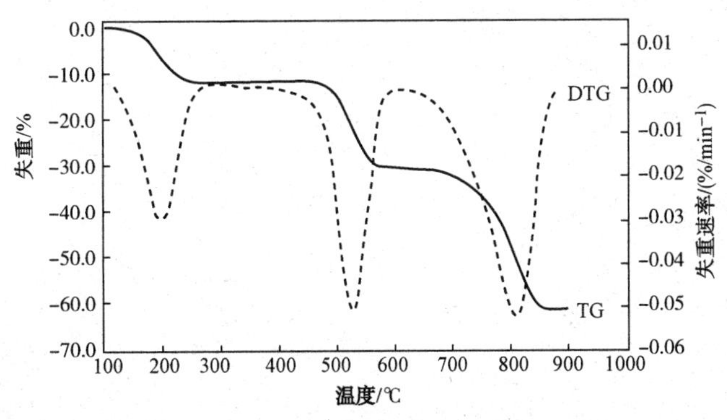

图 20-5　草酸钙受热分解过程中的 TG/DTG 曲线

通过比较草酸钙受热分解生成气体分析结果与热重结果，如图 20-6 所示，可以比较直观地获得质谱检测信号的滞后时间。从图 20-6 看出，随温度增加，逸出的依次为 H_2O，CO 和 CO_2，逸出的峰温分别为 208℃，526℃和 807℃，而从 DTG 曲线上得到的峰温分别为

198℃，526℃和811℃，因此根据DTG得到的峰温与从质谱曲线上得到的稍有差别，说明虽然采取上述方法使质谱检测的各种信号与反应温度和时间一致，但气体检测还是存在一定的滞后，其中H_2O滞后10℃，CO基本没有滞后，而CO_2滞后4℃，因此在以后的TG-MS实验中H_2O按滞后10℃校正，而其它气体按滞后4℃校正。同时还可以看出H_2O，CO和CO_2逸出峰的区间分布和峰形基本与失重曲线的三个失重峰的区间分布和峰形一致，则热重和质谱除了时间稍有滞后外，其他基本上同步。

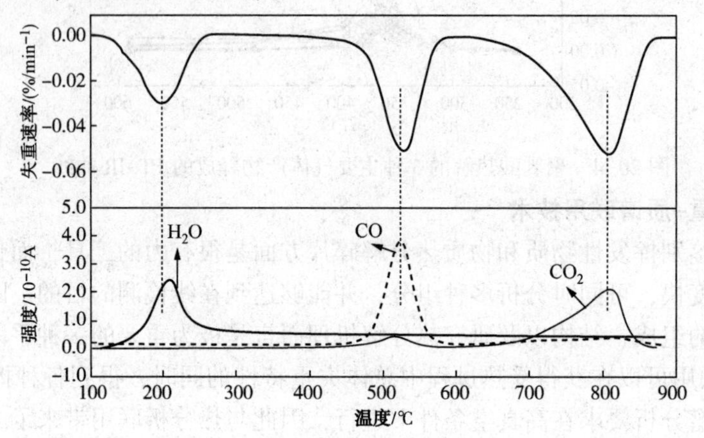

图 20-6　草酸钙受热分解过程中的热失重曲线与质谱曲线的对比

第6篇 核磁共振谱和质谱分析

6

在化合物的结构分析和鉴定中，核磁共振谱(NMR)和质谱(MS)都是有力的研究工具。

核磁共振谱是吸收光谱，频率范围是兆周或兆赫兹。置于强磁场的原子核发生能级裂分，当吸收的辐射能量与能级差值相等时，发生能级跃迁，从而产生核磁共振信号，并以此鉴别基团种类及其在分子中的位置。目前，NMR技术已成为研究小分子结构和高分子链结构的最主要手段，对于聚合物的构型、构象分析、立体异构体的鉴定和序列分布、支化结构的长度和数量、共聚物和共缩聚物组成的定性、定量以及序列结构测定等均有独特的长处。

质谱是通过将样品转化为运动的气态离子并按质荷比(m/z)大小进行分离，并测量各种离子的强度，从而确定被测物质的分子量和结构，所得结果用质谱图形式表达。近年来，离子化技术和质量分析技术受到广泛关注并得到飞速发展。根据质谱图提供的信息可以进行多种有机物及无机物的定性和定量分析、复杂化合物的结构分析及固体表面的结构和组成分析等。具有分析速度快、灵敏度高、提供的信息直接与其结构相关等特点。与气相色谱法联用，已成为一种最有力的快速鉴定复杂混合物组成的分析工具。

第21章　核磁共振谱分析法

核磁共振谱(NMR)与红外、紫外同属于吸收光谱，它的频率范围是兆周(MC)或兆赫兹(MHz)，属于无线电波范围。在NMR中电磁辐射的频率为兆赫数量级，属于射频区，但是射频辐射只有置于强磁场F的原子核才会发生能级间的跃迁，即发生能级裂分。当吸收的辐射能量与核能级差相等时，就发生能级跃迁，从而产生核磁共振信号。

核磁共振谱常按测定的核分类，测定氢核的称为氢谱(^1H NMR)；测定^{13}C的称为碳谱(^{13}C NMR)。核磁共振谱不仅给出基团的种类，而且能提供基团在分子中的位置。在定量上NMR也相当可靠。高分辨^1H NMR还能根据磁偶合规律确定核及电子所处环境的细小差别，从而研究高分子构型和共聚序列分布等结构问题。而^{13}C NMR主要提供高分子碳-碳骨架的结构信息。

21.1　核磁共振原理

21.1.1　原子核的自旋

原子核带有正电荷，多数原子核能绕核轴自旋，形成一定的自旋角动量p。同时，这种自旋现象如电流流过线圈产生磁场一样，可以产生磁矩μ。

其中，不同原子核的自旋通过自旋量子数I表示。只有当核的自旋量子数$I \neq 0$时，核自旋才能具有一定的自旋角动量，产生磁矩(表21-1、表21-2)。

其关系可用下式表示：

$$\mu = \gamma p \tag{21-1}$$

式中　γ——磁旋比，是核的特征常数；

μ——核磁矩，以核磁子β(5.05×10^{-27} J/T)为单位。

表21-1　各种核的自旋量子数

质量数	原子序数	自旋量子数I	举　例
奇数	奇、偶数	半整数	^1H、^{13}C、^{31}P、^{19}F
偶数	奇数	整数	^{14}N、^2H(D)
偶数	偶数	0	^{16}O、^{12}C

表21-2　一些常见原子核的磁性质

核	磁矩/β	磁旋比/(rad/T·s)
^1H	2.7927	26.753×10^4
^{13}C	0.7022	6.723×10^4
^{19}F	2.6273	25.179×10^4
^{31}P	1.1305	10.840×10^4

21.1.2　核磁共振现象

产生核磁共振的首要条件是核自旋时要有磁矩产生。当具有磁矩的核置于外磁场中，它在外磁场的作用下，核自旋产生的磁场与外磁场发生相互作用，因而原子核的运动状态除了自旋外，还要附加一个以外磁场方向为轴线的回旋，这种回旋运动称进动或拉莫尔进动。进动的频率与外部磁场的关系如方程所示：

$$2\pi\nu_0=\gamma H_0 \tag{21-2}$$

在给定的外磁场强度 H_0下，进动频率 ν_0是一定的。如以相同频率射频辐射，即产生共振，低能太核吸收射频能量跃迁至高能态，产生核磁共振现象。

21.2　核磁共振仪结构

通常核磁共振仪由五部分组成(图 21-1)：

① 磁铁：磁铁是核磁共振仪中最贵重的部件，能形成高的磁场，同时要求磁场均匀性和稳定性好，其性能决定了仪器的灵敏度和分辨率。

② 扫描发生器：沿着外磁场的方向绕上扫描线圈，它可以在小范围内精确的、连续的调节外加磁场强度进行扫描，扫描速度不可太快，每分钟 3~10mGs。

③ 射频振荡器：在样品管外与扫描线圈和接受线圈相垂直的方向上绕上射频发射线圈，它可以发射频率与磁场强度相适应的无线电波。

④ 射频接受器和检测器：沿着样品管轴的方向绕上接受线圈，通过射频接受线圈接受共振信号，经放大记录下来，纵坐标是共振峰的强度，横坐标是磁场强度(或共振频率)。

⑤ 样品支架：装在磁铁间的一个探头上，支架连同样品管用压缩空气使之旋转，目的是为了提高作用于其上的磁场的均匀性。

核磁共振仪可以固定磁场进行频率扫描，称为扫频；也可以固定频率进行磁场扫描，称为扫场。

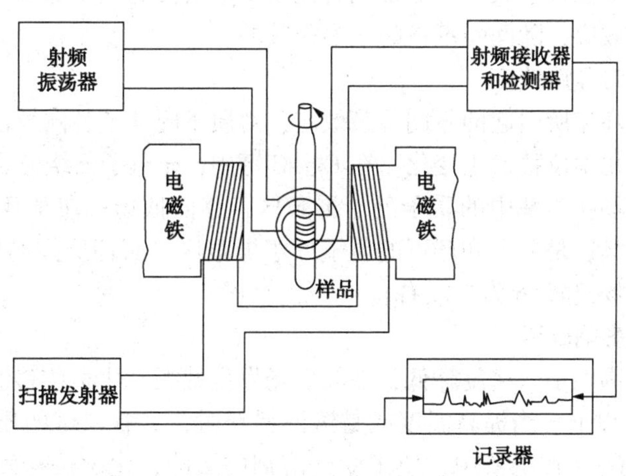

图 21-1　核磁共振仪简图

21.3　^{1}H-核磁共振波谱(氢谱)

^{1}H-核磁共振(^{1}H-NMR)也称为质子核磁共振，是研究化合物中^{1}H 原子核(即质子)的核磁共振。可提供化合物分子中氢原子所处的不同化学环境和它们之间相互关联的信息，依据这些信息可确定分子的组成、连接方式及其空间结构。

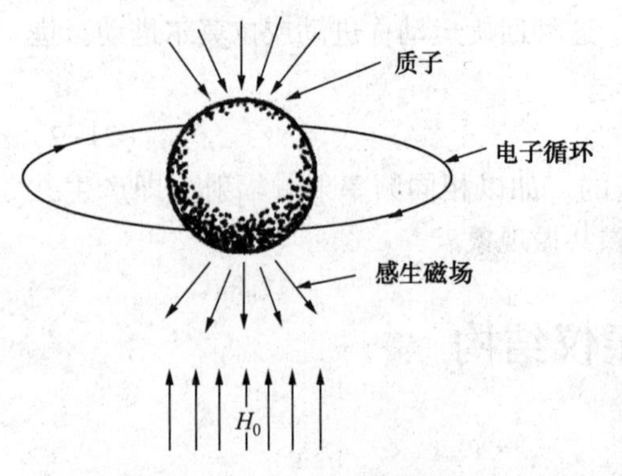

图 21-2　电子对质子的屏蔽作用

21.3.1　屏蔽作用与化学位移

依照核磁共振产生的条件，由于^{1}H 核的磁旋比是一定的，所以当外加磁场一定时，所有的质子的共振频率应该是一样的，但在实际测定化合物中处于不同化学环境中的质子时发现，其共振频率是有差异的。产生这一现象的主要原因是由于原子核周围存在电子云，在不同化学环境中，核周围电子云密度是不同的。当原子核处于外磁场中时，如图 21-2 所示，核外电子运动要产生方向相反的感应磁场，这种作用就是屏蔽作用。实际作用在原子核上的磁场为 $H_0(1-\sigma)$，σ 称为屏蔽常数。在外磁场 H_0 的作用下核的共振频率由下式计算得到：

$$2\pi\nu_0=\gamma H_0(1-\sigma) \tag{21-3}$$

当共振频率发生了变化，在谱图上反映出了谱峰位置的移动，这种变化极小，很难分辨。通常，采用四甲基硅烷(TMS)作为标准物，其他各种吸收峰化学位移 δ 根据下式计算：

$$\delta=\frac{\nu_{\text{试样}}-\nu_{\text{TMS}}(\text{单位 Hz})}{\text{振荡器工作频率(单位 Hz)}} \tag{21-4}$$

21.3.2　影响化学位移的主要因素

21.3.2.1　电负性的影响

在外磁场中，质子周围的电子云密度越高，屏蔽效应就越大，核磁共振就发生在较高场，化学位移值减小，反之同理。电负性基团的存在使与之相接的核外电子云密度下降，使吸收峰移向低场，化学位移增大。一般常见有机基团电负性均大于氢原子的电负性。由电负性基团而引发的诱导效应，随间隔键数的增多而减弱。

21.3.2.2　磁各向异性效应

由邻近基团电子环流所引起的不同屏蔽效应，对质子附加了各向异性的磁场，引起核磁共振条件的改变，即化学位移发生变化。在 C ═C 键中，π 电子云绕分子轴旋转，质子处于屏蔽区，因此移向高场；醛基中的质子处于屏蔽区，移向低场；在苯环中，由于 π 电子的环流所产生的感应磁场；是环上和环下的质子处于屏蔽区，而环周围的质子处于去屏蔽区，所以苯环中的氢在低场出峰(δ 为 7 左右)。

21.3.2.3　其他影响因素

氢键能使质子周围电子云密度降低，在较低场发生共振，化学位移值增大，例如酚和酸类的质子，δ 值在 10 以上。当提高温度或是溶液稀释时，具有氢键的质子的峰就会向高场移动(即化学位移减小)。在溶液中，质子受到溶剂的影响，化学位移发生改变，称为溶剂效应。因此在测定时应注意溶剂的选择。在^{1}H 谱测定中不能用带氢的溶剂，若必须使用时要用氘代试剂。

21.3.3　耦合常数

高分辨 NMR 图谱的共振信号会发生裂分，即谱峰发生分裂，这种现象称为自旋-自旋分裂。产生原因是分子内部相邻碳原子上氢核自旋的相互干扰。分裂峰之间的距离称为耦合常数，一般用 J 表示，单位为 Hz，说明了核之间相互作用的能量，是化合物结构的属性，与磁场强度的大小无关。分裂峰数是由相邻碳原子上的氢数决定的，若邻碳原子氢数为 n，则分裂峰数为 $n+1$。

21.4 ^{13}C 核磁共振谱(碳谱)

^{13}C-NMR 是研究化合物^{13}C 核的核磁共振状况，对于研究化合物中碳的骨架结构，特别是在高分子结构分析中，研究碳的归属是很重要的。

21.4.1 灵敏度和分辨率

尽管^{13}C 和^{1}H 的自旋量子数 I 都为 1/2，但由于^{13}C 的磁旋比只有^{1}H 的 1/4，且^{13}C 天然同位素丰度仅为 1.1%左右，因此^{13}C 谱的灵敏度比^{1}H 谱低很多，约为氢谱的 1/6000，所以碳谱测定困难。直到出现傅里叶变换核磁共振仪，才使^{13}C 谱获得很大的发展。^{13}C-NMR 的化学位移范围约为 0~250mg/kg，比^{1}H-NMR 大 20 倍，因此分辨率较高。

21.4.2 测定对象

用^{13}C-NMR 可直接测定分子骨架，并可获得 C＝O，C≡N 和季碳原子等在^{1}H 谱中测不到的信息。

21.5 应　　用

核磁谱图解析要注意下述几方面的特点：

① 首先要检查得到的谱图是否正确，可通过观察 TMS 基准峰与谱图基线是否正常来判断。

② 计算各峰信号的相对面积，求出不同基团间的 H 原子(或碳原子)数之比。

③ 确定化学位移大约代表什么基团，在氢谱中要特别注意孤立的单峰，然后再解析偶合峰。

④ 对于一些较复杂的谱图，仅仅靠核磁共振谱来确定结构会有困难，还需要与其他分析手段相配合。

21.5.1 定性鉴别

许多聚合物，甚至一些结构类似，红外光谱也基本相似的高分子，都可以很容易用^{1}H-NMR 或^{13}C-NMR 来鉴别。合成高分子的定性鉴别，可利用标准谱图。高分子 NMR 标准谱图主要有萨特勒(Sadller)标准谱图集。使用时，必须注意测定条件，主要有溶剂、共振频率。通常，从一张核磁共振图谱上可以获得三方面的信息，即化学位移、偶合裂分和积分强度。

21.5.2 共聚物组成的测定

对共聚物的 NMR 谱做了定性分析后，根据峰面积与共振核数目成比例的原则，就可以定量计算共聚组成。两种组分的摩尔比可通过测定各质子吸收峰面积及总面积来计算。图 21-3 为氯乙烯与乙烯基异丁醚共聚物的核磁共振氢谱图。图中 4.3ppm($1ppm=1\times10^{-6}$)处为氯乙烯结构单元中次甲基上的 H，而 3.2~3.7ppm 处为乙烯基异丁醚中与 O 相连的亚甲基上的氢，根据两种氢原子对应的峰面积，可以计算出两种结构单元的的摩尔比。

21.5.3 高分子立构规整性的测定

以超临界 CO_2 中合成的聚丙烯腈在 125MHz 下确定的 PAN 五单元组立构规整性的^{13}C NMR 波谱图为例，在图 21-4 中可以看到，其中—CN 的碳峰处于 120ppm 范围内，具有 3 组峰，化学位移由高到低呈现等规(mm)、无规(mr)、间规(rr)的三单元组结构信号峰。这3组峰中每组峰又分裂成3~4个小峰，共10个峰，依次归属于五单元组立构序列，即化学位移由高到低，小峰依次被认定为mmmm，mmmr，rmmr，mmrm，mmrr，rmrm，rmrr，mrrm，mrrr，rrrr，它们的分数值近似由谱图中相应的峰积分曲线面积比值来确定。

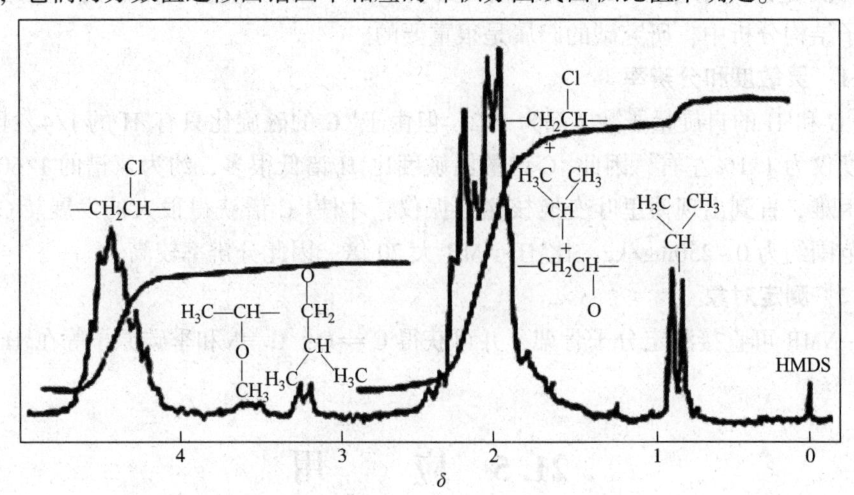

图21-3　氯乙烯与乙烯基异丁醚共聚物的1H-NMR谱图(100MH，140℃，对二氯代苯)

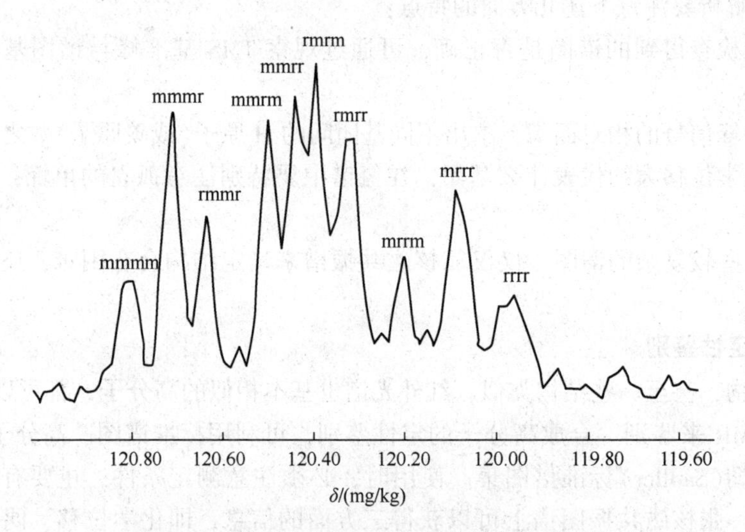

图21-4　CO_2-PAN的—CN基团的^{13}C NMR谱

在图21-5中，—CH基团的^{13}C信号峰则与—CN基团相反，化学位移由高到低呈现间规(rr)、无规(rnr)、等规(mm)三单元组结构信号峰。

21.5.4　氢键的研究

图21-6为乙烯(E)-乙烯醇(V)共聚物(EVOH)在295K下的溶液核磁共振氢谱，其中$\delta=0.83$处为端甲基峰，$\delta=1.0\sim1.5$对应于乙烯单元以及乙烯醇单元中的亚甲基峰，$\delta=2.5$为溶剂DMSO中残余的质子信号，在$\delta=3\sim4$之间，除$\delta=3.4$的强峰对应于溶剂中残余的水之外，其他峰都对应于乙烯醇单元中的次甲基峰，$\delta=4.0\sim5.0$之间的3个峰则对应于乙烯醇单元中的羟基。

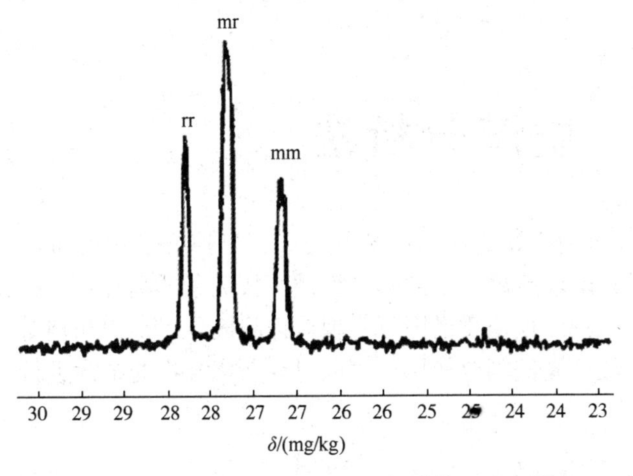

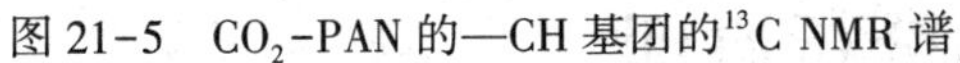
图 21-5　CO_2-PAN 的—CH 基团的[13]C NMR 谱

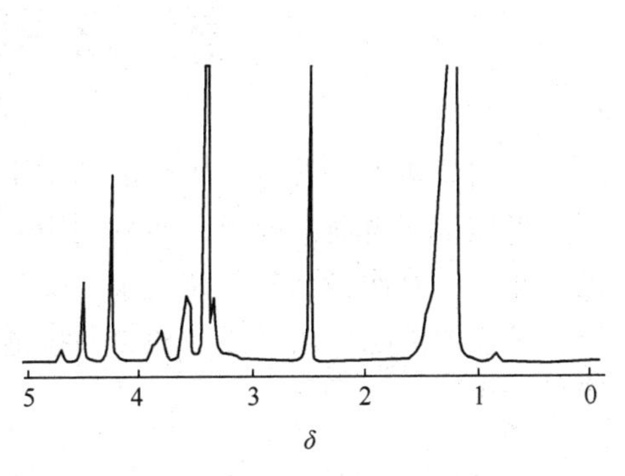

图 21-6　EVOH 的[1]HNMR
（400MHz，300K，DMSO-d_6）

图 21-7 为样品在 295~363K 下的变温氢谱。通过观察 δ 随温度的变化，即可判断出其在 363K 谱图中的对应位置，以同样的方法也可判断出羟基质子在其他温度谱图中的对应位置。三单元组的命名规则：以 V 代表乙烯醇单元，以 E 代表乙烯单元，m 代表相邻的两个 V 为全同构型(meso)，而 r 代表相邻的两个 V 为间同构型(racemic)，mm 则表示 VVV 三单元组中相邻的 V 彼此都为全同构型，依此类推，括号中若为 OH，则表示该信号对应于羟基质子，若为 CH 则表示对应于次甲基质子。

由图 21-7 可见，随着温度的升高，羟基质子和水信号逐渐向高场方向位移，表明羟基质子和水分子中的质子或与其他基团形成了氢键，或处于结合与解离的化学交换平衡之中。因为随着温度的升高，氢键变弱或者化学平衡向解离方向偏移都将导致 δ 向高场位移。

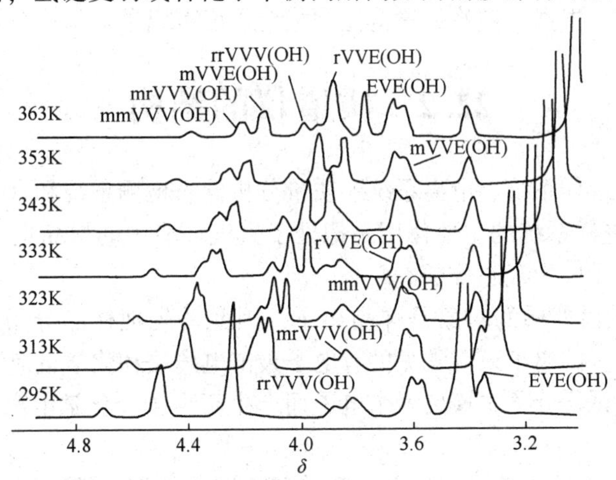

图 21-7　不同温度下 EVOH 的[1]HNMR(400MHz，DMSO-d_6)

第 22 章　质谱分析法

质谱分析方法通常采用高能离子束(如电子)轰击样品的蒸气分子，打掉分子中的价电子，形成带正电荷的离子，然后利用离子在电场或磁场中的运动性质，按离子质荷比(m/z)的大小顺序依次进行收集和记录，得到质谱图。根据质谱图可实现对样品成分、结构和相对分子质量的测定。质谱法与核磁共振谱、红外光谱联合使用，可以对复杂化合物的结构进行有效分析。

22.1　质谱分析原理

质谱仪是利用电磁学原理，使带电的样品离子按质荷比进行分离的装置。样品通过进样系统进入离子源，在离子源中样品分子或原子被电离成离子。离子电离后经加速进入磁场中，其动能与加速电压及电荷有关，即

$$zeU = 1/2mv^2 \tag{22-1}$$

其中 z 为电荷数，e 为元电荷($e=1.6\times10^{-19}$ C)，U 为加速电压，m 为离子的质量，v 为离子被加速后的运动速度。具有速度 v 的带电粒子进入质谱分析器的电磁场中，将各种离子按 m/z 的大小实现分离和测定。

在质谱图中，每个质谱峰表示一种质荷比的离子。质谱峰的强度表示该种离子峰的多少，因此根据质谱峰出现的位置可以进行定性分析，根据质谱峰的强度可以进行定量分析。对于有机化合物质谱，根据质谱峰的质荷比和相对强度可以进行结构分析。

22.2　质谱仪的结构

质谱仪一般包含进样系统、电离系统、质量分析器、检测系统和真空系统。

① 进样系统　进样系统的主要作用是把处于大气环境中的样品送入处于真空状态的质谱仪中，并加热使样品成为气态分子。

② 电离系统　质谱分析的对象是样品离子，因此首先把样品分子或原子电离成离子，并汇聚成具有一定能量的离子束。常见的有电子轰击电离法和化学电离法。电子轰击电离法是使用高能电子束从试样分子中撞出一个电子而产生正离子。化学电离法则是通过离子-分子反应来进行。

③ 质量分析器　质量分析器位于离子源和和检测器之间，其作用是依据不同方式将样品离子按质荷比 m/z 分开，是质谱仪的核心部分。

④ 检测系统　检测系统的作用是接收被分离的离子，并放大和测量离子流的强度。

⑤ 真空系统　真空系统是质谱仪的重要组成部分，质谱仪中的离子在产生、运动过程中必须处于真空状态。若真空度过低，会造成离子源灯丝损坏、副反应过多等，从而使图谱复杂化。

22.3　质谱图表示方法

质谱图是以质荷比 m/z 为横坐标、相对强度为纵坐标构成，一般以原始质谱图上最强的离子峰定为基峰并规定其相对强度 100%，其他离子峰以对基峰的相对百分值表示。

分子在离子源中可以产生各种电离，即同一种分子可以产生多种离子峰，包括分子离子峰、碎片离子峰、重排离子峰、亚稳离子峰等。

① 分子离子峰　试样在高能电子撞击下失去一个电子，变成了带奇数电子的分子离子，是一个自由基正离子。分子离子的质量对应于中性分子的质量，对解释未知化合物的质谱十分重要。

② 碎片离子峰　有机化合物受高能作用时会产生各种形式的分裂。一般强度最大的质谱峰相应于最稳定的碎片离子，通过各种碎片离子相对峰高的分析，有可能获得整个分子结构的信息。

③ 同位素离子峰　对于一些有同位素的元素，由于同位素存在，在质谱图上出现 M+1、M+2 的峰。如在含有一个溴原子的化合物中，$(M+2)^+$的峰相对强度几乎与 M^+峰相等。

22.4　质谱法的应用

22.4.1　质谱(MS)

质谱技术能有效鉴别分子结构，在有机分子的鉴定方面发挥非常重要的作用。甘永江等研究了甲基化-β-环糊精的绿色合成新工艺，反应式如图 22-1 所示，并通过质谱技术等对产物分子结构进行了表征，计算了其取代度。甲基化-β-环糊精的取代度是一个 β-环糊精分子上的羟基被甲基取代的个数，平均取代度是指一种产品中 β-环糊精分子上的羟基被甲基平均取代的个数。甲基化-β-环糊精平均取代度对甲基化-β-环糊精的溶解度和对药物的增溶都有较大的影响，也是表征 β-环糊精衍生物的重要特征的一个参数。

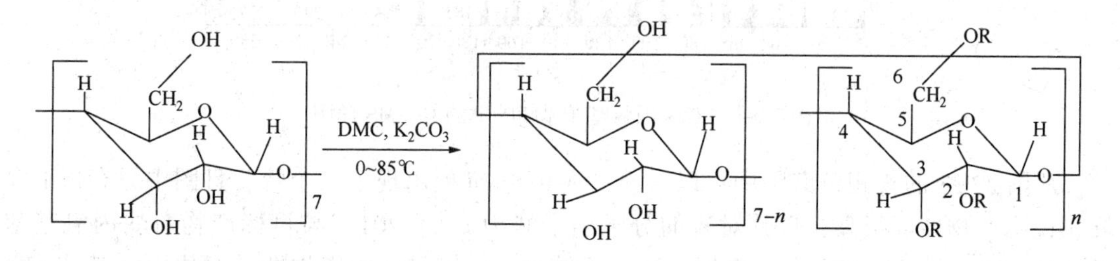

图 22-1　甲基化-β-环糊精新型合成反应式

该质谱分析中采用的是正离子源，得到产品的主要碎片峰为 m/z=1330.2(图 22-2)。由于 β-环糊精的分子量为 1135，而一个甲基的分子量是 15，因此每增加一个甲基，甲基化-β-环糊精的分子量增加 14。根据 1135+14×14-1=1330，可以判断 1330.2 处的峰是取代度为 14 的甲基化-β-环糊精的准分子离子峰；同理计算出 1343.9 的峰是取代度为 15 的甲基化-β-环糊精的准分子离子峰；另外还有取代度分别是 6、7、8、9、11、12、13、16、17、18、21 的准分子离子峰。由甲基化-β-环糊精取代度和其丰度可求出平均取代度为 14.2。

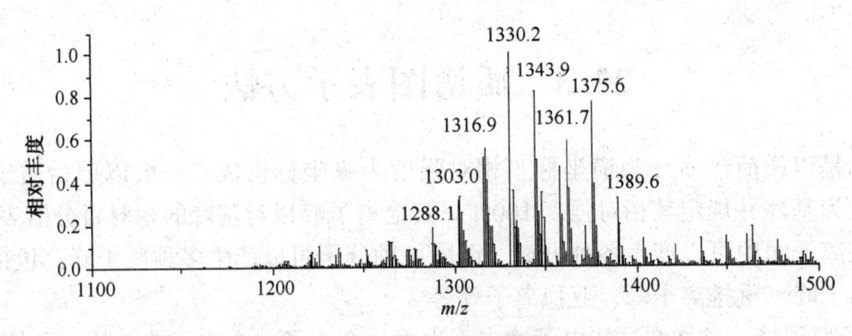

图 22-2　甲基化-β-环糊精的质谱图

22.4.2　气相色谱-质谱联用(GC-MS)

质谱与气相色谱联用既发挥了色谱技术高效的分离能力，又结合了质谱特异的鉴别能力。该方法有分离、结构解析同步完成的特点，能直接分析混合物组分，有高度的选择性和可靠性，已成为一种成熟技术，被广泛应用，尤其在分析化学、生物化学和环境科学等学科应用较多。李滔等合成了制备改性苯并噁嗪树脂用的单体对炔丙氧基苯基噁唑啉，采用日本岛津公司的气相色谱-质谱联用仪对其结构进行了表征，结果如图 22-3 所示。

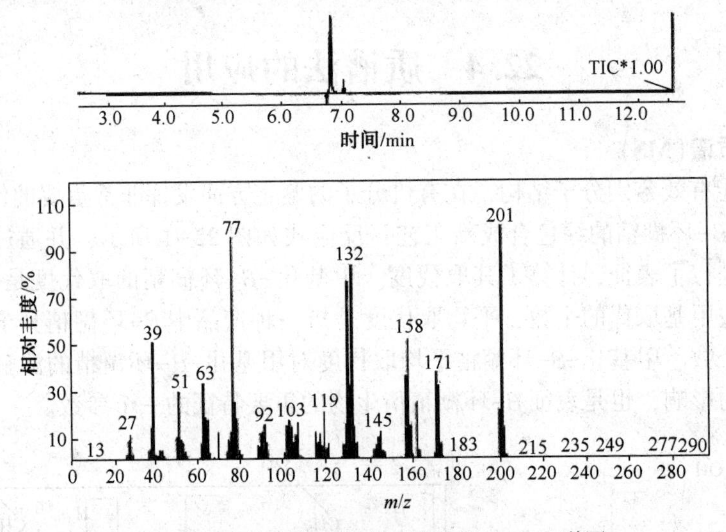

图 22-3　对炔丙氧基苯基噁唑啉的 GC/MS 谱图

从图 22-3 的气相色谱图中可以看出，在 6.8min 处出现了一个峰，且图中只有这 1 个峰，说明产物纯度很高，且其对应的分子离子峰为 $m/z = 201$，与目标产物对炔丙氧基苯基噁唑啉的分子量完全吻合。根据上述分析结果，证实得到的产物即是对炔丙氧基苯基噁唑啉。

22.4.3　液相色谱-质谱联用(LC-MS)

液相色谱可以直接分析不挥发性化合物、极性化合物和大分子化合物(包括蛋白、多肽、多糖、多聚物等)，分析范围广。MS 作为理想的色谱检测器，具有极高的检测灵敏度。因此，液相色谱-质谱联用长期为人们所关注。随着各种离子化技术的不断出现，其在生物、医学等领域的地位越来越重要。

范婷婷等合成了一种高度对称的、树枝状结构的新型防老剂，并对此化合物进行了红外、液相色谱-质谱(LC-MS)等表征证明了其分子结构。从液相色谱图 22-4 可以看出，在

1.547min 处仅有一个很强的吸收峰出现，说明分离后的产物纯度很高。从质谱图 22-5 可以看出，在 m/z=1009.7（丰度 100%）处是[M]准分子吸收峰；m/z=1010.8 处是$[M+H]^+$准分子离子吸收峰，根据准分子吸收峰、准分子离子峰及其丰度强度可以证明产物的分子量为 1009.7。

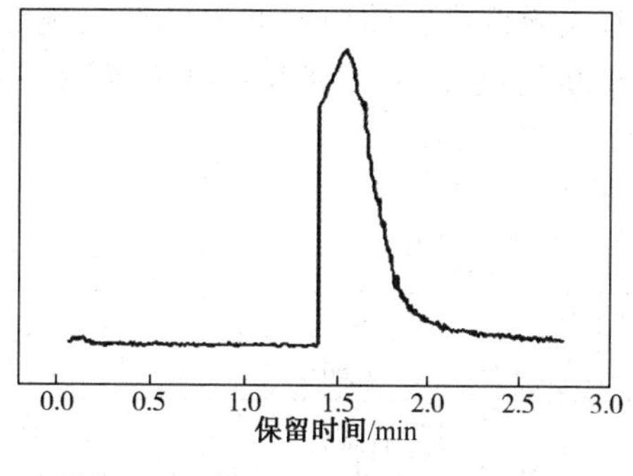

图 22-4 新型防老剂的液相色谱图

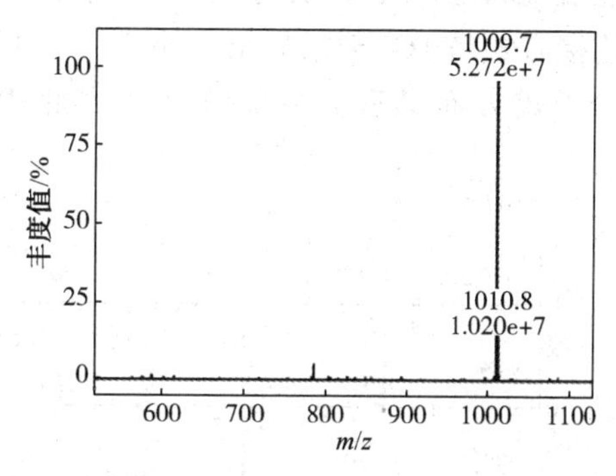

图 22-5 新型防老剂的质谱图

孙立梅等采用液相色谱-质谱联用技术分析了合成的水溶性酚醛树脂产物。由于酚醛树脂分子中的酚类基团具有弱酸性，容易脱去 1 个质子形成负离子，因此，质谱分析过程中采用了负离子检测。图 22-6 是合成酚醛树脂的总离子流图。

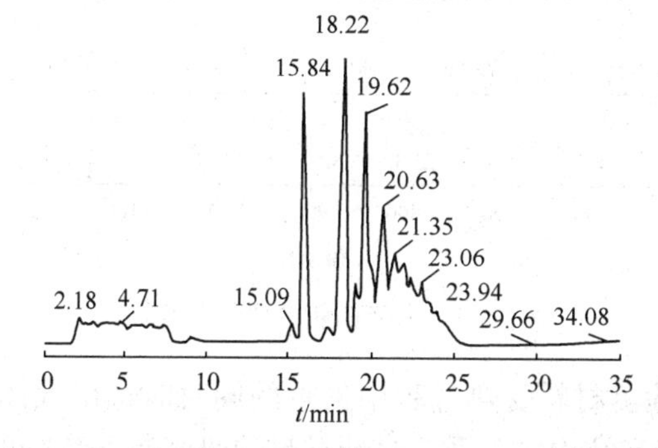

图 22-6 酚醛树脂液相色谱-质谱联用总离子流图

从图 22-6 可见，在本实验条件下合成的酚醛树脂是由不同聚合度的分子组成的混合物。聚合度较低的酚醛树脂分离较好，聚合度较高的产物会发生色谱峰的重叠。图 22-7 为不同聚合度酚醛树脂的质谱图。由图 22-7 可以看出，总离子流图中保留时间为 15.84min、18.22min 和 19.62min 的色谱峰分别对应质荷比（m/z）为 319.3、455.4 和 591.5 的离子，各离子对应的相对分子质量从小到大依次相差 136，对应于酚醛的二、三、四聚体。此外，合成的酚醛树脂混合物中还存在 m/z 分别为 727.5、863.6、999.7、1135.7、1272.4 和 1408.0 的离子，对应的是五聚体和聚合度为 5 以上的酚醛树脂。从图 22-7 还可看出，低相对分子质量聚合物在离子化过程中容易形成一定量的二聚体和三聚体，如图 22-7 中，除 m/z 为 455.4 的离子外，还有 m/z 为 911.6 和 1367.2 的离子，当采用源裂解后，m/z 为 911.6 和 1367 的峰会消失，表明它们是低相对分子质量聚合物在离子化过程中缔合产生的多聚体。

22.4.4 热重-质谱联用（TG-MS）

热重分析法（TG）是应用热天平在程序控制温度下，测量物质质量与温度关系的一种热分析技术，具有仪器操作简便、准确度高、灵敏快速、以及试样微量化等优点，因此广泛应用于无机、有机、化工、冶金、医药、食品、能源及生物等领域。但热重分析法无法对体系在受热过程中逸出的挥发性组分加以检测，这给研究反应进程，解释反应机理带来了一定的困难。将 TG 法与其他先进的检测系统及计算机系统联用，结合热分析仪和其他仪器的特点及功能实现联用在线分析，扩大分析内容，是现代热分析仪器的发展趋势。其中一种普遍有效的连接方式是 TG 与质谱(MS)的联用。质谱具有灵敏度高，响应时间短的突出优点，在确定分子式方面具有独特的优势，因此 TG-MS 联用技术的研究和应用得到了长足的发展。

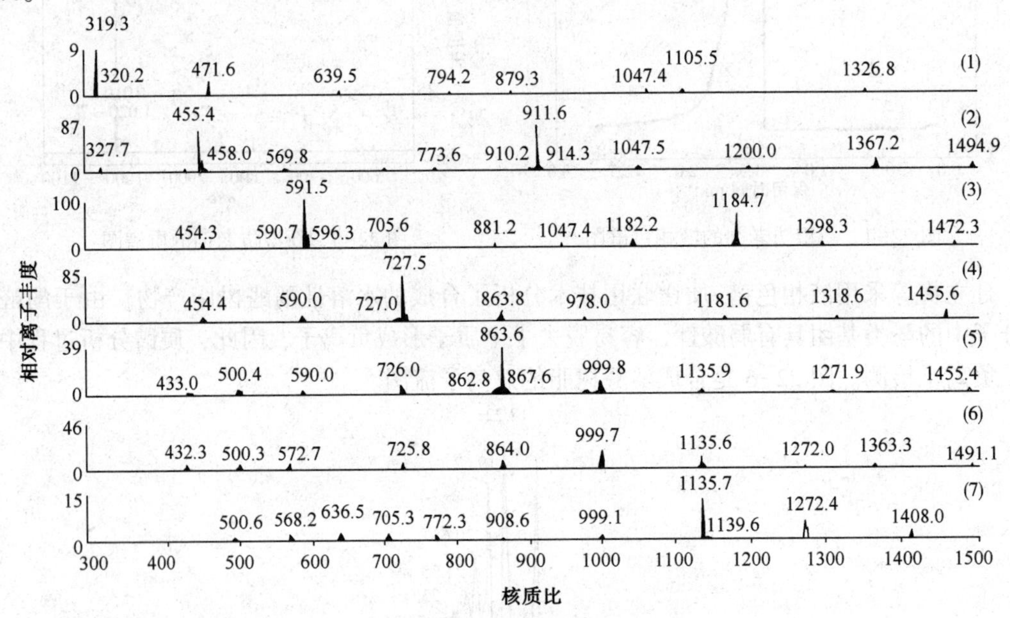

图 22-7　酚醛树脂的质谱扫描图

TG-MS 系统可以在检测材料受热过程中失重的同时对逸出气体进行质谱定性分析，可以完整阐明材料热学性能和结构的关系，对新材料的研究制备具有重要意义。陈智琴等在酚醛树脂的制备过程中加入硼酸，引入 B-O 键，以期提高酚醛树脂的热稳定性和成炭率。采用法国塞塔拉姆仪器公司生产的 Evolution 16/18+OMNI star TENSOR27 型热重/质谱/红外联用仪对固化后的酚醛树脂进行热重-质谱(TG-MS)分析，探讨硼酚醛树脂(BPF)热稳定性和成炭率提高的原因。

由图 22-8 中的热分析曲线可以看出，700℃ BPF 的成炭率为 76.2%，高于 PF1.2 的成炭率 66.9%。$PF_{1.2}$的热重微分曲线中存在两个明显的失重峰，而 BPF 在 500℃之前的失重速率曲线均较为平缓，无明显的失重速率峰，表明硼酸改性酚醛树脂具有更好的耐热性和更高的成炭率。对两种树脂样品热解的尾气进行质谱(MS)研究，其各热解产物与温度的关系如图 22-9 所示。由图 22-9 可以发现，BPF 的热解产物与 $PF_{1.2}$的完全相同，但各种产物的逸出温度和含量有所变化。其中 CH_4、CO、C_6H_5-X(X=OH 或 CH_3)的逸出温度-含量曲线基本相近，H_2O 和 CH_3OH 的逸出温度-含量曲线则有所变化。在 BPF 中，在 364℃附近多了 1 个 CO_2 的逸出峰，而在 292℃附近以及 380℃附近则没有出现 CH_3OH 和 H_2O 的逸出峰，BPF 热解产物的含量大小顺序为 $H_2O>CH_4>H_2>CO>C_6H_5-X>CO_2>CH_3OH$，而 PF1.2 热解产物的含量大小顺序为 $H_2O>CH_4>CO>H_2>CO_2>C_6H_5-X>CH_3OH$。这说明无机元素 B 的加入改变了树脂的热降解过程，并提高了其成炭率。

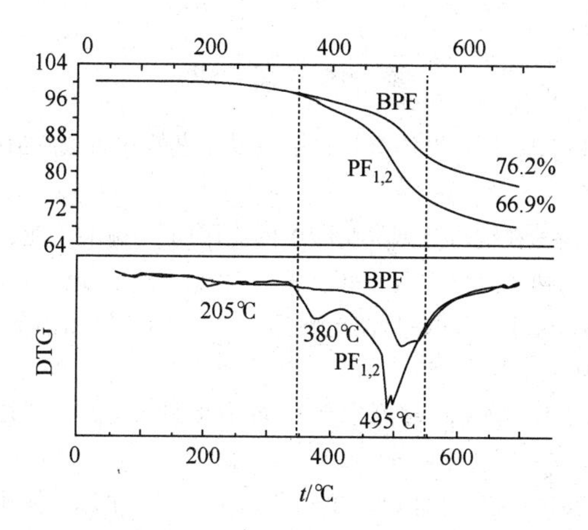

图 22-8　氨酚醛树脂($PF_{1,2}$)和硼改性酚醛树脂(BPF)的热失重曲线

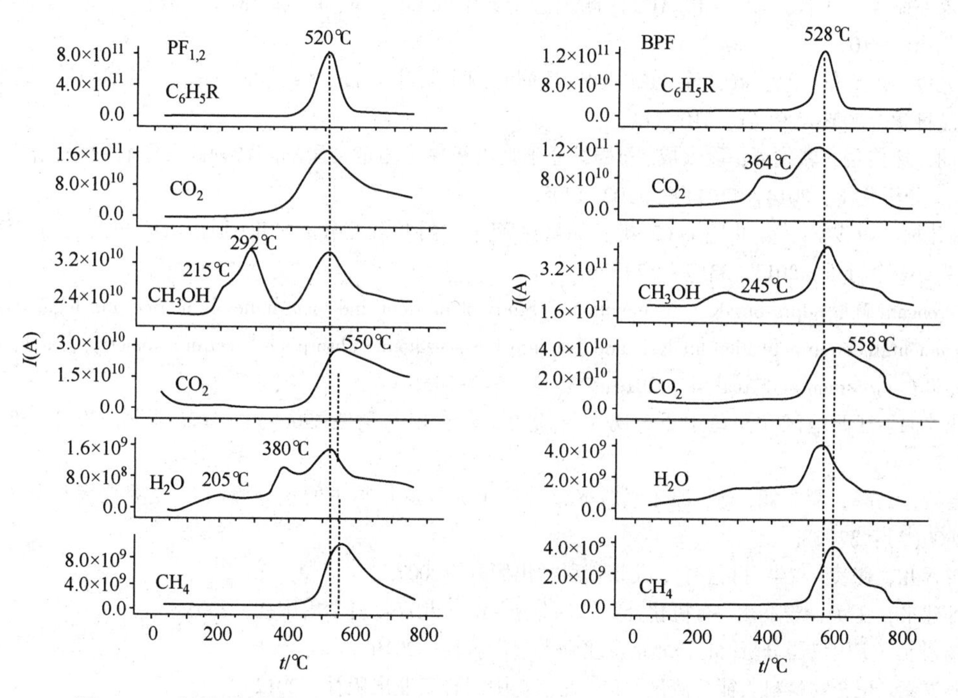

图 22-9　氨酚醛树脂($PF_{1,2}$)和硼改性酚醛树脂(BPF)的热解产物与温度关系图

参 考 文 献

[1] 弓晓峰，陈春丽，等. ICP-AES 测定湖泊沉积物中微量元素的样品微波消解研究[J]. 光谱学与光谱分析，2007，27(1)：155-159.

[2] 龚昌合. ICP-AES 法分析技术在铜冶炼烟气制酸中的应用[J]. 硫酸工业，2008(3)：29-31.

[3] 吴旭晖. ICP-OES 法测定高速工具钢中钨、铬、钒、钼[J]. 福建分析测试，2006，15(3)：8-10.

[4] 潘亮，秦永超，胡斌，等. 选择性萃取-低温电热蒸发 ICP-OES 检测铝基体中的钒元素[J]. 武汉大学学报：理学版，2008，54(2)：148-152.

[5] 张世涛，徐艳秋，王宇. ICP-AES 同时测定钼矿石中多种元素[J]. 光谱实验室，2006，23(05)：1042-1045.

[6] 徐春祥，赵云，朱晓军. ICP-OES 同时测定婴幼儿营养食品中的 14 种元素[J]. 光谱实验室，2008，25(3)：356-358.

[7] 周淼，徐烨，迁君，等. 1CP-AES 法测定滑子蘑中的 Cd、Cu、Pb 和 Zn[J]. 分析实验室，2008，27(6)：101-104.

[8] 石元值，冯启华，马立峰，等。ICP-OES 法同时测定茶叶中 La、Ce、Pr、Sm、Nd 五种稀土元素[J]. 食品科学，2008，29(4)：310-313.

[9] 梅朋，徐俊俊，郭俊芳，段太成. 石墨炉原子吸收法快速测定聚醚酮酮特种高分子材料中铝离子残留[J]. 分析化学，2014，42(11)：1702-1705.

[10] 林建梅，姚俊学. 镍(Ⅱ)-4-(2-吡啶偶氮)-间苯二酚共沉淀分离富集-原子吸收光谱法测定钢中铜[J]. 冶金分析，2013，33(7)：73-76.

[11] Parengam M.，udprasong K.，Srianujata S.，Study of nutrient and toxic minerals in rice and legumes by instrumentalneutron activation analysis and graphite furnace atomic absorption spectrophotometry[J]. Journal of Food Composition and Analysis，2010，23(4)：340-345.

[12] 顾佳丽. 辽西地区食用鱼中重金属含量的测定及食用安全性评价[J]. 食品科学，2012，33(10)：237-240.

[13] 娄涛，吕鹏，谭亚翎，等. 原子吸收光谱法测定大气颗粒物中的重金属[J]. 仪器仪表与分析监测，2006(2)：37-38.

[14] 曾元儿，张凌. 仪器分析[M]. 北京：科学出版社，2007.

[15] 邹建平，王璐，曾润生. 有机化合物结构分析[M]. 北京：科学出版社，2005.

[16] 杨根元. 实用仪器分析[M]. 北京：北京大学出版社，2010.

[17] 杨万泰. 聚合物材料表征与测试[M]. 北京：中国轻工业出版社，2012.

[18] 邹建平，王璐，曾润生. 有机化合物结构分析[M]. 北京：科学出版社，2005.

[19] 杨万泰. 聚合物材料表征与测试[M]. 北京：中国轻工业出版社，2012.

[20] 许金精，卢肖，朱文新，等. 氟离子选择电极法测定电解金属锰槽液中的氟含量[J]. 中国锰业，2011，29(4)：30-32.

[21] Hansen J A，Sumbayev V V，Gothelf K V. An electro-chemical sensor based on the human estrogen receptor ligand binding domain[J]. Nano Lett.，2007，7：2831-2834.

[22] Liu G，Lin Y，Wang J，et al. Disposable electrochemical immunosensor diagnosis device based on nanoparticle probe and immunochromatographic strip[J]. Anal. Chem.，2007，79：7644-7653.

[23] 仪王蕾，崔迎. 仪器分析[M]. 天津：天津大学出版社，2009.

[24] 王俊德，等. 高效液相色谱法[M]. 北京：北京大学出版社，2010.

[25] 鲁红. 凝胶渗透色谱仪及其使用[J]. 分析仪器，2010，3：65-69.

[26] 姜扣琴，黄文艳，刘静，等. 支化甲基丙烯酸甲酯的合成及表征[J]. 江苏工业学院学报，2009，21(2)：1-4.

[27] 周玉，武高辉. 材料分析测试技术[M]. 哈尔滨：哈尔滨工业大学出版社，2001.
[28] 朱和国，王恒志. 材料科学研究与测试方法. 南京：东南大学出版社，2010.
[29] 陶文宏，杨中喜，师瑞霞. 现代材料测试技术. 北京：化学工业出版社，2013.
[30] 陈木子，伟建，勇，等. 浅谈扫描电子显微镜的结构及维护[J]. 分析仪器，2013(4)：91-93.
[31] 朱琳. 扫描电子显微镜及其在材料科学中的应用[J]. 吉林化工学院学报，2007，24(2)：81-84.
[32] 李剑平. 扫描电子显微镜对样品的要求及样品的制备[J]. 分析测试技术与仪器，2007，13(1)：74-77.
[33] 左演声，陈文哲，梁伟. 材料现代分析方法[M]. 北京：北京工业大学出版社，2005.
[34] Zhonglin Wang. Characterization of Nanophase Materials[J]. Weinheim：Viley-VCH，2000.
[35] Guangxu Chen，Nangfeng Zheng，et al. Interfacial Effects in Iron-Nickel Hydroxide-Platinum Nanoparticles Enhance Catalytic Oxidation[J]. Science，344，95-499，2014.
[36] 龚沿东. 电子探针(EPMA)简介[J]. 电子显微学报，2010，29(6)：578-580.
[37] 吴园园，李玲霞，胡显军. 电子探针分析方法及在材料研究领域的应用[J]. 电子显微学报，2010，9(6)：74-577.
[38] 龚玉爽，胡斌，付山岭，等. 电子探针分析技术(EPMA)在地学中的应用综述[J]. 化学工程与装备，2011(6)：166-168.
[39] 谢菱芳. 电子探针在工艺矿物学中的应用[J]. 云南冶金，2011，40(1)：62-65.
[40] 张小辉. X射线衍射在材料分析中的应用[J]. 沈阳工程学院学报(自然科学版)，2006，2(3)：281-282.
[41] 周顺兵. 采用X射线衍射仪织构附件测量钢中残余奥氏体含量的方法[J]. 电工材料，2010(3)：46-48.
[42] 马昌训，运新，郭俊康. X射线衍射法测量铝合金残余应力及误差分析[J]. 热加工工艺，2010(24)：5-8.
[43] 胡耀东. X射线衍射仪在岩石矿物学中的应用[J]. 云南冶金，2010，39(3)：61-63.
[44] 姚心侃. 多晶X射线衍射仪的技术进展[J]. 现代仪器，2008(3)：1-3.
[45] 吴建鹏，杨长安，贺海燕. X射线衍射物相定量分析[J]. 陕西科技大学学报，2005，23(5)：55-580.
[46] 王晓叶，郑斌，冯志海. X射线衍射全谱拟合定量分析方法研究[J]. 宇航材料工艺，2012，42(2)：108-110.
[47] 冯威. 差示扫描量热法研究环氧树脂的固化反应动力学行为[J]. 材料开发与应用，2013，28(3)，69-71.
[48] 邹颖楠，黄国家，杨梅. TG-FTIR联用技术研究聚甲基乙撑环己撑碳酸酯的热降解行为[J]. 河北工业大学学报，2013，42(6)，61-67.
[49] 王刚，李爱民，李建丰. 基于TG/FT-IR，Py-GC/MS的聚乳酸塑料热降解研究[J]. 高校化学工程学报，2009，23(6)，954-961.
[50] 许瑞梅，林木良，李晓燕，等. 用TG/IR联用法研究微孔配位聚合物孔洞中的客体分子[J]. 中山大学学报(自然科学版)，2006，45(1)，125-126.
[51] 李淑娥，王晓东，颜国纲，等. 热重-质谱联用技术(TG-MS)及系统优化研究[J]. 山东科学，2008，21(2)，9-14.
[52] 杨万泰. 聚合物材料表征与测试[M]. 北京：中国轻工业出版社，2008，67-70.
[53] 陈厚. 高分子材料分析测试与研究方法[M]. 北京：化学工业出版社，2011，57-61.
[54] 甘永江，张毅民，赵瑜藏，等. 甲基化-β-环糊精新型合成工艺研究[J]. 高校化学工程学报，2009，23(6)：1075-1079.
[55] 李滔，杨文灏，张玉卫，等. 对炔丙氧基苯基噁唑啉的合成及改性苯并噁嗪树脂的研究[J]. 高分子学报，2014，(3)：302-308.

[56] 孙立梅，李明远，彭勃，等. 水溶性酚醛树脂的合成与结构表征[J]. 石油学报(石油加工)，2008，24(1)：63-68.
[57] 范婷婷，周元林，范超超，等. 一种新型防老剂的合成、表征及性能研究[J]. 功能材料，2013，44(13)：1915-1919.
[58] 陈智琴，陈鸯飞，李文魁，等. 硼酚醛树脂的热降解过程[J]. 高分子材料科学与工程，2013，29(5)：96-99.